選案思維 × 產業趨勢 × 創業迷思……
從投資人視角解讀市場價值，
創業破局最應該了解的十大看點！

孫郡 著

說服資本
吸引投資人的心動賣點

資本下注，業界沒人說的「投資決策點」！
除了夢想，創業該具備什麼吸引投資者的特質？

市場成長空間、現金流影響力、企業財務狀況、標準化商業模式……
打造資本願意買單的超強創業價值！

目 錄

自序		005
01	你很優秀，投資人為何不買單？	009
02	為什麼是你？投資人看人的標準	043
03	站上風口，才能一飛沖天	073
04	現金為王：投資人最關心的穩定基礎	101
05	產品不夠強，投資人不會尖叫	129
06	靠什麼賺錢？標準化模式才有未來	157
07	能否成長，是你能走多遠的關鍵	183
08	靠團隊讓人安心，投資才會發生	215

目錄

09　商業計畫書,是進入資本世界的門票　　243

10　路演不只是簡報,是信任的交易　　275

後記　　295

附錄　　299

自序

點亮投資人的心燈，駛向創業征途的星辰大海

多年的創業與投資實戰經歷告訴我，創業，實則是「九死一生」；選擇創業之路，就意味著選擇了一條少有人走的路，但這條路上，創業者並不孤獨。在創業的星辰大海中，每一個創業者都是一位勇敢的船長，駕駛著自己的夢想之船，揚帆遠航。當然，這片星海中也充滿了未知與挑戰，船長們需要的不僅僅是一艘堅固的船，更需要一盞明亮的燈，為他們指明前行的方向。這個相互朝目標努力的過程，其實也是資源整合的過程。對投資人而言，要整合資源，挖掘那些具有高成長性、營利性的投資計畫。而對創業者而言，要整合人脈資源，為自己的創業案找到一位「貴人」。

創業者和投資者都害怕錯過彼此。投資者與創業者之間的關係，更像是一種交易，雙方出發點和利益點雖然不同，但關鍵在於如何找到平衡點，達到雙贏。

在投資的這條路上，我曾親身經歷過無數的起起落落，也見證了多位產業大老的崛起與隕落。然而，有一位投資界的傳奇人物，她的每一次出手都似乎能穩穩地捕獲市場的脈動。

自序

　　這位被譽為「資本女王」的投資者,她剛成功投資了一家新創企業,並在短短幾年內,將其推向了產業的巔峰。我對她的眼光和決策力深感佩服,也開始關注起她的投資哲學和方法。她並不像許多投資者那樣盲目追逐熱門焦點,而是深入研究每一個潛在的投資目標,從產業趨勢、市場前景、團隊能力等多個角度進行全面分析。她注重的是長期價值而非短期波動,這種穩健的投資策略,讓我深受觸動。正如她回憶投資往事時說的那樣:「有句話叫:『你賺不到自己認知以外的錢。』我什麼時候看懂的?就是我們在研究贏家的時候才看懂的。研究內容跟廣告模式的時候,我記得那時我在讀祖克柏(Mark Zuckerberg)的季度財務報表,他說以後的內容不再是搜尋,而是以資訊流的形式分發給用戶。也就是說,它即便是個廣告,也要把內容做得好看。因為廣告會無縫地銜接在資訊流裡面。我那時才了解短影音平臺是怎麼回事。但我知道得太晚了,我們就錯過這個機會了。」

　　後來,我也開始反思自己之前的投資方式,是否過於急躁,是否忽視了長期價值的重要性。在深入研究投資案例後,我逐漸明白了投資的真諦:它不僅僅是一種賺錢的方式,更是一種對未來趨勢的洞察和判斷。

　　在多年投資的過程中,我逐漸領悟到「長期主義」的重要性。只有那些真正具備長期價值的企業,才能在激烈的市場競爭中脫穎而出,為投資者帶來持續穩定的報酬。

創業投資，本就是一場與風險共舞的旅程，它考驗創業者和投資人的膽識與承受能力。我十分理解，每個創業者都渴望遇到一位慧眼識英雄的投資人。同樣地，身為投資人，我們也在尋覓那些能夠觸動心靈的優質計畫。儘管許多早期創業項目充滿不確定性，但我們最擔憂的並非短期內無法獲得報酬，而是從一開始就投錯了方向。因為一旦初始投資出錯，即使後續注入再多資金，也難以支撐此創業案走向成熟。更為關鍵的是，初始的錯誤，可能會對未來造成無法預料的連鎖反應。這種不確定性在我看來比資金匱乏，甚至投資虧損更為可怕。在市場繁榮時期，創業者和投資人能夠攜手共進；然而，當市場出現波動時，雙方的矛盾往往會越發突顯。

　　那麼，如何將創業者眼中的好計畫轉化為投資者眼中的瑰寶？如何為投資者帶來驚喜，並推動其實行？如何建構經得起推敲的獲利模式，以贏得投資者的信任？如何抓住時代的機遇快速成長？如何讓投資者看到你的計畫不僅具有成長潛力，同時團隊也值得信賴？這些問題一直縈繞在我身為投資者的腦海中，也是創業者必須深思熟慮的問題。為了讓創業者更能了解投資者的心態，並學會從投資者的角度審視自己的計畫，我決定結合自己多年的投資經驗，為年輕一代的創業者撰寫這本創業案實行指南。

　　從更廣闊的視角來看，創業者與投資人之間的關係，實質上是一種深度的合作夥伴關係。在合作的過程中，雙方

自序

難免會遇到摩擦與拉扯。隨著市場環境的變化，雙方所持有的籌碼、利益的分配方式，以及處理分歧的策略都會有所不同。

在商業環境中，當情勢變得嚴峻時，矛盾與衝突往往會增加，這是商業規律和人性的必然展現。衝突，從某種意義上來說，是難以避免的。畢竟，即使是商業巨擘如馬斯克（Elon Musk），也曾兩度被投資者解除合作關係。

創業者必須意識到，如今單純依賴融資來推動企業的發展，將面臨著前所未有的挑戰。無論是創業環境還是資金環境，都已發生巨大的變化。在這樣的背景下，只有不斷穩固企業基礎，穩健經營，避免陷入陷阱，才能在激烈的市場競爭中立足。當市場的潮水退去時，我們便能清楚地看到哪些企業是在裸泳。

因此，創業者不必急於尋求投資人的支持。在此之前，更重要的是，讓你的案件更加穩健、可信。我堅信，只要你的計畫真正具備潛力與價值，便不必擔心錯過任何機會。甚至，傑出的專案會自然吸引投資人的目光，讓他們主動來「爭搶」你。當你點亮了投資人的心燈，也就點亮了創業征途上的星辰大海。在這片星海中，有無數的機會與挑戰，等待著我們去探索與征服。

01　你很優秀，
投資人為何不買單？

　　你手握金牌專案，團隊勇猛精進，市場潛力無限，可為何創投（venture capital，創業投資，又稱為風險投資）卻對你視而不見，甚至冷眼旁觀？是他們太挑剔，還是你的專案有問題？難道真的是「千里馬常有，而伯樂不常有」嗎？

　　面對自己精心打造、自我感覺良好的好專案，投資人為何總擺出一副冷漠的態度，彷彿你的熱情與努力都與他們無關？是他們真的不懂欣賞，還是你的展示方式出了問題？

　　你說投資人的世界你不懂，那「不可靠」專案的真相究竟是什麼？是他們故意設下的局，還是你未曾揭開的祕密？人人都想撬動資本的槓桿，但你知道投資人挑專案到底在看什麼嗎？

　　或許，你也曾絕望地站在原點，重新審視專案，甚至想重構一個資本獲利系統，但你真的讀懂那些隱藏在市場背後的規律與趨勢了嗎？你是否已經掌握到了呢？

　　別急著抱怨，也別輕易放棄。你需要經歷認知破局、邏輯重構等重重挑戰，才能真正走進投資人的世界，讓他們看到你的價值。

01 你很優秀，投資人為何不買單？

所以，準備好接受挑戰了嗎？讓我們一起揭開創投的神祕面紗，讓你的傑出專案不再被埋沒！

面對好案子，投資人為何冷淡以對

近年來，在深入企業、擔任諮詢顧問及傳授商業智慧的過程中，我被問及最多的問題是：「明明專案很好，為什麼投資人就是不投資我呢？」

的確，成功的投資人往往展現出一種超然的冷靜，有時甚至顯得頗為冷漠，對待眾多提案，他們似乎將99%的內容都視為無足輕重的廢話。然而，這份「冷漠」，卻恰恰是創業者亟需破解的謎團。

要揭曉答案，我們首先要深入了解創業投資行業的本質和投資人的決策邏輯。

創業投資，作為一個以高報酬為終極目標的領域，其本質在於利用有限的資本，撬動最大化的收益。

想契合投資人的這個決策邏輯，我提煉、總結了3個關鍵點，幫助大家理解投資人的決策心理：

1. 進可攻

投資人偏愛那些市場潛力巨大、能迅速崛起，並帶來豐厚報酬的專案。技術卓越雖重要，但若不能在短期內實現市場的顯著拓展與獲利激增，專案可能難以觸動投資人的心弦。

2. 退可守

投資人對專案的可退出性尤為重視，期望在專案成熟之際，透過上市或被併購等途徑順利抽身，實現資本增值。因此，缺乏明確退出策略的傑出專案，也可能遭遇投資人的冷眼。

3. 正流行

創業投資界緊跟市場熱門焦點與趨勢，專案若身處非熱門領域，或商業模式與主流相悖，即便再出色，也可能因不合時宜而難以吸引投資。

這些因素基本上解釋了為何某些表面「傑出」的專案，難以贏得創投垂青的原因。這並非專案本身不佳，而是可能未貼合投資人的特定標準與市場偏好。因此，創業者在尋求投資時，除關注專案的技術與市場優勢外，更需洞悉投資人的需求與偏好，以精準調整商業策略與融資藍圖。

進一步剖析，當我們深入創業專案內部，發現有很多創業企業自認為表現「傑出」，卻仍可能遭到投資人的拒絕。而當我們逐一審視那些導致投資人拒絕的真正原因時，會發現更多細微且關鍵的差異，這些差異往往是決定專案能否獲得投資的關鍵所在。

深入探究，我們不難發現，眾多自視為「傑出」的創業企業，在尋求創業投資的過程中卻頻遭拒絕。這背後的原因，往往潛藏於細節之中，正是這些微妙且關鍵的差異，決定了

企業能否成功吸引投資。以下是投資人拒絕「傑出」企業的六大核心緣由（詳見表 1-1）。

表 1-1 投資人拒絕「傑出」企業的六大核心緣由

投資人拒絕「傑出」企業的六大核心緣由	
市場進入門檻低	在諸多行業，先驅者常需面對後來者的激烈角逐。若企業無法構築起如網路效應、品牌知名度、專利保護或規模經濟等堅固的競爭壁壘，便可能迅速被後來者超越。投資人對此類易受攻擊的市場地位往往持謹慎態度，即便併購能作為快速入市的途徑，他們也通常對溫和的併購策略不感興趣
核心競爭力缺失	在競爭激烈且利潤微薄的市場環境中，缺乏顯著差異化優勢的企業難以嶄露頭角。投資人所追尋的，是那些擁有獨特業務模式，且該模式難以被競爭對手複製的創新型企業
不可持續的單位經濟效益	新創企業早期面臨的主要挑戰在於找到正確的市場定位和產品策略。錯誤的價格策略或產品定位，在規模化生產過程中可能導致企業陷入困境。因此，早期便需確立並最佳化 CAC／LTV 比率（客戶獲取成本與客戶終身價值之比），以確保經濟效益的可持續性

01　你很優秀，投資人為何不買單？

投資人拒絕「傑出」企業的六大核心緣由	
區隔市場成長潛力受限	雖然新創期聚焦區隔市場是明智之舉，但若想吸引投資人，企業還需展示如何依託核心競爭力，進一步拓展產品線和市場規模
股權結構不合理	投資人在考慮投資時，會審慎評估其退出時的公司估值和所持股份。股權過度稀釋或分配不均，都可能對後續融資機會造成不利影響
創始人精力分散或缺乏專注	投資人偏愛全身心投入的創始人。若創始人同時涉足多個項目或未親自擔任公司 CEO，這可能被視為不良訊號，從而影響投資人的決策

　　審視你的企業，它是否符合創業投資的標準？在創業投資的世界裡，成功與失敗的風險並存。大家在尋求融資時，務必仔細考量上述因素，避免它們成為你融資路上的絆腳石。任何細節的疏忽，都可能讓你錯失寶貴的融資機遇。

　　特別是以下這些「地雷區」，創辦人在尋求投資時應格外警惕，以免觸發投資人的疑慮，進而影響其投資決策：

　　1. 過度誇大

　　範例：「我們的目標是在這個兆級市場中占據一席之地，成為下一個 Uber。」

　　投資人更傾向於聽到實際、可行的市場價值主張，而非空洞的誇大之詞。因此，創辦人應著重闡述產品如何為市場帶來切實價值，而非僅僅強調市場規模的龐大。

2. 缺乏合作經驗

範例:「我們團隊雖未曾共事,但彼此已是好友。」

投資人更偏愛那些有過成功合作經驗的團隊,因為這樣的團隊更可靠,成功機率也更高。因此,展示團隊過去的合作成果或成員間的互補性至關重要。

3. 忽視投資人態度

範例:「儘管我們目前尚未獲利,但這正是您投資的最佳時機,以便未來獲取最大利潤。」

投資人通常更傾向於投資已有獲利紀錄的專案。因此,在尋求投資前,深入了解潛在投資人的投資偏好、風險承受能力和投資歷史,對於調整融資策略至關重要。

4. 數據支持不足

範例:「這是我們十年來的紀錄,我們有獲利。」

若獲利紀錄或市場數據不佳,投資人可能會對專案的市場牽引力和成長潛力產生疑慮。因此,提供有力的市場數據和使用者回饋,並謹慎解釋不佳的數據,是贏得投資人信任的關鍵。

5. 弄虛作假

範例:「這是我們的知名客戶和支持者名單⋯⋯」

誠實和透明是建立長期信任關係的基礎。弄虛作假可能會暫時吸引投資人,但長遠來看,這種行為會嚴重損害專案的可信度和創辦人的聲譽。

01　你很優秀，投資人為何不買單？

　　投資之旅，恰似一場需精心培育的戀情，情感的深厚源於不懈地經營與呵護。在與投資人的這場特殊「戀情」中，同樣需細膩呵護，但尤為關鍵的是，投資決策根植於理性分析，切莫期望對方因「戀愛腦」而忽視你踏入的「地雷區」。規避上述提及的風險點，以穩健的步伐前行，方能在投資的道路上贏得青睞，獲得成功的果實。

他們不說的拒絕理由與決策邏輯

在投資人的視角裡，某些看似「不可靠」的專案，卻常常成為他們的偏愛之選。

面對這個現象，不少創業者或許會感到困惑與不解：為何自己眼中優質的專案，在投資人那裡卻顯得「不可靠」？而究竟是何方神聖，能讓投資人對「不可靠」的專案情有獨鍾？

基於我們的深入研究，以下因素或許能揭示其背後的原因。

從根本上來說，「看起來不可靠」並不等同於「真的不可靠」。很多時候，一個專案的潛在價值並不是顯而易見的，需要深入研究和洞察才能發現。投資人的工作就是要在這些看似不可靠的專案中，挖掘出那些具有巨大潛力的「黑馬」。

不可否認的是，普通人的判斷力並不一定準確。雖然投資人的判斷也並非百分之百可靠，但他們至少具備一種能力──不輕易相信「理所當然」的邏輯。這種能力，使他們能夠在眾多專案中，辨識出那些被忽視或被誤解的「寶藏」。

想像一下一位創業者：他曾經營一家公司，卻遭遇合夥人帶團隊投奔大企業，大股東緊隨其後要求撤資，使他四年間勞而無功，只能依靠母親的接濟度日。在此期間，他居住在租來的汽車裡，依靠公共澡堂維持日常。好不容易將公司出售，他卻陷入消沉，遊歷全球，放縱自我，一度失去了奮

鬥的動力。幸運的是，在好友的勸說下，他決定選擇一個全新的領域重新出發。初嘗勝果之際，卻遭遇政府禁令，不得不更名再戰。更甚者，為了獲取公司域名，他不惜以2%的股份作為交換。

面對這樣的創業者，你是否願意投資？

這家公司，正是Uber。

看似充滿不確定性的故事，其最終失敗的機率或許高達九成。有時，勇於做出判斷，尤其是那些與大多數人相悖的判斷，顯得尤為重要。從另一個角度來看，那些最終獲得巨大成功的專案，起初往往並不被看好。這恰恰說明了，在投資者的世界裡，有時候，正是那些看似「不可靠」的選擇，蘊藏著無限的可能。

再如某知名咖啡連鎖品牌，其發展歷程可謂波瀾壯闊。從迅速擴張到遭遇財務造假風波，再到經歷重組與調整，此咖啡品牌走過了一段充滿挑戰的道路。然而，正是這些經歷，鑄就了它堅忍不拔的品格。最終，它不僅成功實現了轉虧為盈的業績反轉，更在近年來透過與各大品牌的聯名合作，達到雙贏的局面，展現其強大的市場適應能力和創新活力。

一個成熟的投資人在評估投資專案時，不會僅憑其表面的「可靠」程度就妄下結論。實際上，一些看似「不可靠」的專案，往往蘊含著巨大的投資價值。以下幾個關鍵因素，它們或許能解釋為何某些非傳統專案值得投資。

1. 投資中的失敗是常態，而成功案例總能激勵人心

創業投資講究的是投資組合，而非單次交易的成敗。風險與報酬的比率是衡量投資成功的關鍵。儘管保持高比例（如10：1）相當困難，但創業投資因其高風險、高報酬的特性，通常能承擔更大的失敗風險。天使投資作為創業投資的早期階段，其失敗率非常高，但成功案例的報酬，往往能覆蓋多個失敗專案。例如，某個天使投資人投資了一個新創遊戲公司，儘管前五個專案均告失敗，但最終一款手遊的成功，讓他獲得了1,000多倍的報酬。這種潛在的高報酬，正是投資人願意冒險的原因。

2. 投資有爭議性、話題性的專案，能吸引更多優秀創業者

為了接觸到更多優秀的創業者，投資人需要不斷向外界展示自己支持創業、願意投資的形象。透過投資有爭議性、話題性的專案，投資人不僅能吸引媒體關注，還能讓更多創業者主動聯繫。

3. 創新需要文化容忍和社會支持

成熟的創業者往往不願冒險創新，而提出創新想法的，往往是缺乏經驗的年輕人。這種錯位，導致了許多創新想法無法得到實現。然而，隨著文化的逐漸改變和年輕一代對資訊交換的接受度提高，創新正在逐漸成為可能。投資人需要理解並支持這種創新文化，才能發掘出真正有潛力的專案。

4. 創投的價值判斷基於公司的指數級成長潛力

風險資本追求高預期報酬率,因此所投資的公司,必須具備實現指數級成長的潛力。這要求公司的產品或服務具備規模化的可能性和防禦力。雖然 B2B 公司在防禦力上可能更勝一籌,但 B2C 公司在規模化、速度上往往更具優勢。因此,創投更願意投資那些能迅速擴大市場規模的 B2C 專案,即使它們看起來更加「不可靠」。

深入現實生活,我們不難發現,那些乍看似乎「不可靠」的事情,的確有時會令人失望;但更多時候,潘朵拉的盒子之所以充滿誘惑,不僅因為它像神祕的魔法般牽引著我們的心,更因為在打開它的那一刻,我們滿懷希望,期待著那或許正是我們夢寐以求的巧克力糖,讓生活因此添加一抹意想不到的甜蜜。

「不可靠」專案的真相與投資機會

倘若投資者是專案啟航的關鍵推手,那麼,當你依然堅信自己的專案蘊藏無限潛力時,不妨將目光聚焦於專案的核心,審視其是否構築了一個健全且高效能的營利體系。畢竟,無論是創業還是投資,其本質皆是追求利益最大化,企業的存續與發展,離不開營利系統的支撐,而投資者亦非無償的慈善家。

此外,你的商業體系、模式及營利系統還需與當前瞬息萬變的商業生態相契合,深刻理解並掌握當前經濟步入的新階段,方能行穩致遠。

有人說,最賺錢的時刻才剛開始;有人說,時代的風向變了,隨著時間的推進,全球經濟格局的複雜性日益加劇。在這充滿變數的市場洪流中,企業正遭遇前所未有的考驗。然而,正如古人云:「危中有機」,越是艱難困苦之時,越能彰顯企業的堅韌與智謀,促使我們冷靜剖析變革背後的深層動因,這是時代賦予我們的歷史使命與責任。

時移世易,大浪奔流。

在不同的歷史節點與時代背景下,「天時、地利、人和」三要素不斷演變,並在演變中交織出多樣化的組合形態。深諳此道者,便能洞察大勢執行的根本規律,駕馭時代的浪潮,引領企業穩健邁向成功的彼岸。

01 你很優秀，投資人為何不買單？

縱觀商業史，我們可以簡單概括為傳統舊商業與新商業。

1. 傳統舊商業：成交即終結的粗放時代

這個時期，伴隨著經濟的高速成長，企業和個人紛紛抓住機遇，透過擴大規模、加速發展來迅速累積財富。市場上的機會似乎觸手可及，競爭尚未達到白熱化，因此，企業更注重的是如何快速占領市場，而不是如何高效能的營運或提供高品質產品。

資源和關係成為決定企業成敗的兩大法寶。誰能獲取更多的原料、擁有更廣泛的銷售管道、與政府部門建立更緊密的連結，誰就能在市場中占據一席之地。這種經營方式雖然短期內帶來顯著的收益，但長期來看，卻可能因效率低下、資源浪費而陷入困境。

在消費產業，商品相對稀少，消費者選擇有限，廠商因此占據主導地位。他們透過大規模生產、廣告投放和管道鋪設，將產品推向消費者，塑造消費潮流。然而，這種模式下，消費者往往處於被動接受的狀態，個性化需求難以得到滿足。

2. 新商業：成交為始的精細與專業時代

隨著經濟的發展和市場競爭的日益激烈，粗放經營的方式已難以為繼。企業和個人需要轉變經營策略，注重精細營運和專業能力的提升。

精細營運要求企業從每一個細節入手，提高生產效率、

降低成本、最佳化供應鏈管理、提升客戶體驗。這需要企業具備強大的資料分析能力、嚴謹的管理制度和高效能的執行力。只有如此，才能在激烈的市場競爭中保持領先地位。

專業能力則成為決定企業成敗的關鍵。在知識經濟時代，掌握核心技術和專業知識，是立足市場的根本。因此，企業需要不斷加強研發投入、培養專業人才、建立完善的智慧財產權保護體系，以確保自己在專業領域內的領先地位。

消費者成為市場的核心，他們的需求、偏好和選擇，直接影響著市場的走向。網路技術的普及和發展，使消費者能更便捷地獲取資訊、比較產品和表達意見。他們不再是被動的接受者，而是主動的選擇者和決策者。

對廠商而言，這個變化意味著他們需要更加注重消費者的需求和回饋，及時調整產品策略，以滿足市場的多樣化需求。同時，利用大數據和人工智慧技術來精準洞察消費者行為，也成為廠商提升競爭力的關鍵。

粗放經營、資源關係導向，逐漸轉變為精細營運、專業能力比拚，同時，從高速成長邁向創新驅動高品質發展。這些轉變，不僅要求企業和個人具備更高的素養和能力，也為整個社會的經濟發展和產業升級，帶來了新的機遇和挑戰。在當前的消費模式下，廠商需要緊跟時代步伐，不斷創新、最佳化產品和服務，以滿足日益多樣化的消費需求。

01 你很優秀，投資人為何不買單？

正是基於這樣的時代背景，我們堅信並倡導一個核心理念：傳統企業遭遇的核心挑戰在於，當產業經歷根本性變革時，過往的成就無論多麼輝煌，都無法確保其在新格局中的立足之地。產業的重塑，並非對舊有模式的簡單延續，而是代表著從工業文明向資訊文明跨越的蛻變與再生。展望未來，每個領域都蘊含著以資本運作視角和創新獲利模式進行徹底革新的巨大潛力。用現在的話來說，就是所有產業都值得重新做一遍。

為了實現這個目標，我們提出「打造獲利藍海」的三個策略框架，目的在引領每一位有志於商業創新的朋友，共同探索未知，掌握機遇，詳見圖 1-1。

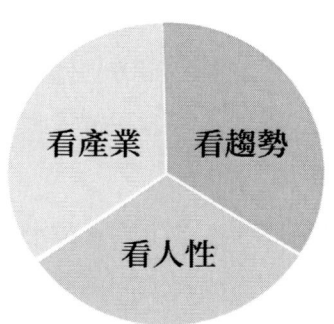

圖 1-1 打造獲利藍海的三個策略

第一個策略：升高一維，看產業

這意味著我們要跳出傳統產業的束縛，以更高維度的視角審視所在領域。不再局限於眼前的競爭格局，而是洞察產

業背後的深層邏輯與未來趨勢，為重構商業模式奠定堅實的認知基礎。

第二個策略：提前一步，看趨勢

在這個日新月異的時代，誰能提前捕捉到市場變化的微弱訊號，誰就能占據先機。我們鼓勵每一位創業者不僅要緊跟潮流，更要勇於預測並引領趨勢，透過前瞻性的布局，確保企業在未來的競爭中立於不敗之地。

第三個策略：深挖一層，看人性

商業的本質是滿足人的需求，深入理解並挖掘人性中的真實渴望，是建構持久獲利模式的關鍵。我們倡導深入探究消費者的心理與行為模式，以此為基礎設計產品和服務，實現價值的最大化傳遞。

在新經濟環境下，賺錢的邏輯已發生根本性變化，不再是簡單的產品買賣，而是基於價值共創、資源共享的生態系統建構。透過這三個策略的實施，我們有信心幫助更多人從傳統的單點獲利模式中跳脫出來，重構為具有強大裂變能力的獲利模式。

在商業的廣闊舞臺上，無數企業家以他們的智慧和勇氣，書寫了一個又一個令人矚目的傳奇。他們從零開始，逐步壯大，將夢想變為現實，不僅改變了個人命運，也深刻影響了社會和商業生態。

然而，傳奇背後是無數創業者的艱辛與挑戰。商業環境雖充滿機遇，但也伴隨著巨大風險。創業需要勇氣、決心，更需要智慧、耐心和實力。成功並非一蹴可幾，而是需要深刻理解商業本質，並付出不懈努力。每位企業家的成功背後，都隱藏著無數次的失敗與挫折，正是這些經歷，鑄就了他們堅忍不拔的精神。

投資者則在這片商業海洋中尋找下一個潛力股，希望投資到具有巨大前景的創業專案。但投資同樣充滿風險，不是每個專案都能成為產業大廠。投資人深知，商業傳奇不可輕易複製，每個成功專案背後，都有其獨特的商業模式和市場機遇。

對創業者而言，尋找伯樂同樣重要。伯樂不僅提供資金，更是事業上的引路人和支持者。他們擁有豐富的經驗和資源，能夠為創業者提供寶貴的指導和幫助，使創業之路更加順暢。與伯樂合作，創業者能夠接觸到更廣闊的市場和更多商業機會，從而加速發展。

然而，尋找伯樂並非易事。投資者在評估專案時，會綜合考量創意、市場前景、團隊實力、商業計畫和獲利模式等多方面因素。創業者需要透過各種管道，展示自己的專案和創新點，以吸引潛在投資者的注意。同時，創業者也需具備鑑別投資者的能力，選擇真正能為自己帶來幫助的伯樂。

在複雜多變、競爭激烈的商業環境中，創業者應腳踏實地、穩步推進專案，而非盲目追求「一夜暴富」。投機取巧無法迷惑投資者，因為他們的決策基於專業分析和判斷。

創業之路，非一日之功，亦非一蹴而就的傳奇。在漫長的創業之路上，每一位創業者都如同在迷霧中航行，每一步都需要小心翼翼，每一次選擇都關乎生死存亡。

在遇見真正的伯樂以前，我們要先遇見更好的自己——盡可能地了解投資人眼中的好專案到底長什麼樣子。

畢竟，在這條路上，沒有永恆的傳奇，只有不斷前行的腳步和不斷探索的精神。

重新理解資本世界，重構獲利系統

偉大的古希臘科學家、物理學家阿基米德有一個著名的槓桿定律——給我一個支點，我就能撬動整個地球。

在商業領域，專案恰如那個支點，而資本則是強大的槓桿，是專案的放大器和加速器。

然而，當投資人審視專案時，他們的目光總能穿透表面的光鮮，聚焦於專案內在的價值底蘊與成長潛力，剖析專案的創新亮點、團隊的綜合實力、市場的廣闊前景，及潛在的風險挑戰，力求精準捕捉每一個值得投資的瞬間，為雙方繪製出長遠的價值藍圖。他們細緻入微的程度，似乎也總是超乎我們的想像，甚至讓人不得要領：專案千姿百態，各具魅力。那麼，究竟哪些專案能夠脫穎而出，贏得投資人的青睞呢？這背後，實則蘊含著投資人一系列共通且嚴謹的甄選標準。

能被資本青睞的核心是什麼？這無疑是每位創業者都渴望探知的祕密。其實，資本的選擇並非無跡可尋。

雖然每位投資人都有自己的投資策略和標準，但如果你能準確掌握並盡量符合這些標準，你的專案就有可能在眾多「備選專案」中脫穎而出，成為投資人眼中的「良品」。

我們在選擇專案時，會著重觀察是否具備以下特質：

1. 有偉大的夢想，才能成就偉大的事業

夢想是事業的靈魂，是推動專案不斷前行的內在動力。只有擁有偉大夢想的專案，才更有可能創造出非凡的價值，成就偉大的事業。

某物流公司的徐姓創辦人，曾是一名普通的快遞員，這位快遞員逐夢 IPO 的傳奇之旅，自然也離不開某控股公司王老闆這位「伯樂」的慷慨相助和悉心指導。

這位快遞員，出身於一個普通的家庭，沒有顯赫的背景和學歷。然而，他憑藉著自己的勤奮和努力，在快遞公司的職位中脫穎而出。長期第一線的工作經驗，讓他深刻體會到快遞行業的困難和機遇，尤其是「最後一公里」配送問題。正是這個問題，激發了他創辦物流公司的靈感。

然而，創業之路並非一帆風順。缺乏經驗和資金的徐姓創辦人，在新創時期遭遇重重困難。他的第一版快遞櫃設計並不成熟，使用起來麻煩且效率低下，甚至遭到快遞員的抵制。面對困境，他並沒有放棄，而是堅持不懈地改進設計，降低成本，提高實用性。

在這個關鍵時刻，王老闆身為徐姓創辦人的「伯樂」，給予他大力支持。王老闆不僅提供了豐厚的啟動資金，還鼓勵他放手一搏，勇敢追求自己的夢想。在王老闆的支持下，徐姓創辦人帶領團隊攻克了技術難關，推出更加智慧、高效能的快遞櫃產品，逐漸贏得市場的認可。

随著時間的推移，這間物流公司的業務範圍不斷擴大，不僅覆蓋了幾萬個社區，還涉足互動媒體服務、洗護服務和到家生活服務等多個領域。

其智慧快遞櫃網路已成為全球最大的網路之一，為數億消費者和數百萬快遞員提供了便捷的服務。

儘管由於投入與營運成本巨大，以至於回收成本緩慢，多年來虧損始終是解決不了的問題。但根據最新的公開財務報表顯示，多年的虧損情況已逐漸好轉，營收也比前幾年同期成長了 33.6%。

這個快遞員的創業故事是一個關於夢想、勇氣、堅持和感恩的傳奇故事。他用自己的實際行動，詮釋了「千里馬常有，而伯樂不常有」的道理。在王老闆的支持下，他成功地將一個看似普通的快遞員夢想變成現實，也為我們樹立了一個勇於追夢、勇於創新的榜樣。這個成功案例不僅證明了徐姓創辦人的商業才華和領導能力，也彰顯了王老闆身為「伯樂」的慧眼識英雄和慷慨相助。

2. 足夠大的天空，才能有起飛的可能

市場，作為專案茁壯成長的廣闊舞臺，其規模與潛力直接決定了專案所能觸及的高度與深度。在當下這個大消費時代，市場需求的多元化與消費升級的浪潮，為各類專案提供了前所未有的發展機遇。對資本而言，那些蘊藏著巨大市場潛力的領域，無疑是它們競相追逐的焦點，因為這不僅意味著更高的投

資報酬率,也預示著更長的成長週期和更廣闊的發展空間。

以近幾年備受矚目的短劇行業為例,這個賽道的爆發,正是市場需求與時代發展交會的產物。隨著時間的推移,短劇的魅力逐漸吸引更多年齡層的觀眾,尤其是那些四、五十歲、擁有充裕時間和經濟實力的父母們。根據資料顯示,短劇 APP 的使用者群體中,近四成使用者的年齡集中在 46 歲以上,這個現象打破了人們對中老年人與電子產品相處不佳的既定印象,展現了他們在新興娛樂方式上的活躍參與度。

在網路普及率超過 90％的當下,銀髮族群體中的許多人,已成為比年輕人更加資深的使用者。隨著短影音在年輕使用者中的滲透率逐漸飽和,中老年使用者被視為「最後的增量」,成為各大平臺競相爭奪的寶貴資源。

在這樣的社會背景下,短劇的轉型與成功,或許只是時代潮流中一個小小的趨勢,但它卻生動地展現了市場需求與時代變遷如何共同塑造一個產業的未來。

對任何專案來說,要有足夠大的天空,才能為其插上展翅高飛的可能。在這個充滿機遇與挑戰的時代,掌握市場需求,緊跟時代步伐,才能在廣闊的市場舞臺上綻放出最耀眼的光芒。

3. 穩固的產品基礎是快速資本化的根基

產品是專案的核心,是連結消費者和市場的橋梁。一個差異化的產品,能夠迅速吸引消費者的目光,建立起品牌認知度。而獨特的商業模式,則能夠為專案帶來持續的競爭優

勢和獲利能力。資本在選擇專案時，會著重關注產品的創新性和市場競爭力。

其實，投資人在對專案進行分析、考察和判斷時，其核心目的都是為了找到那些能夠帶來可觀收益的專案。上述這些特質，共同構成了專案的核心競爭力，也是資本在選擇專案時所看重的關鍵要素。對創業者而言，深入理解投資人的選擇策略，並有針對性地最佳化專案，是吸引投資的關鍵所在。

除了上述基本特質，在投資專案時，我們還會著重考查以下五個核心要素，這些標準構成了我們考量投資時的基礎框架（詳見表 1-2）。請注意，滿足這些標準並不等同於專案具備獨特性，而是其進入投資者視野的基本門檻。

表 1-2 五個核心要素

五個核心考查要素	
資本效率	傾向於投資初期資本投入較低的專案，以降低投資風險並加快盈利的實現
市場適應性	尋找能夠深入市場、符合使用者習慣的專案，確保專案能夠在市場中獲得成功
創新性	強調專案的商業模式差異化，避免同質化競爭，尋求具有獨特競爭優勢和持續創新能力的專案
成長前景	深入分析專案所在領域的發展趨勢，選擇具有爆發式成長潛力的小領域進行投資

重新理解資本世界,重構獲利系統

五個核心考查要素	
長期價值	追求能夠創造長期價值的專案,全面評估專案的商業模式、市場占有率、估值潛力等因素,確保投資帶來長期報酬

在初步篩選專案後,我們還會進行具體的實踐性和投資價值考量,並對專案進行最基本的調查,以確保我們的投資決策基於全面且準確的資訊。

以下,我將從九個方面簡要介紹投資人在評估專案時會進行的盡職調查內容,如圖 1-2 所示。

圖 1-2 盡職調查的九個方面

(1) 企業基礎概覽

涉及企業的創立日期、註冊地點、工商資訊、註冊資本、固定資產詳情、法定代表人、財務與稅務狀況、智慧財

產權持有情況、股權分配及控股或參股的其他企業等。

(2) 專案領導與團隊剖析

包括實際控制人和核心團隊的詳細資料，如團隊的組建過程、合作歷史、成員間的合作關係、全職與兼職人員比例等。此外，還需評估實際控制人的領導能力、團隊成員的執行效率、團隊結構的合理性，以及成員的教育背景、創業經歷和職業經驗等。

(3) 產業態勢與政策環境

若目標企業不屬於策略性新興產業範疇，則需審視該專案是否順應未來發展趨勢。同時，要考察產業的投資許可條件、市場進入壁壘、整體市場狀況、產業風險和政策監管情況，並比對創業者和投資人對產業的判斷是否一致。

(4) 發展策略與商業模式

深入探究企業的發展策略、商業模式和獲利模式，評估其商業模式的靈活度和清晰度。同時，確認企業是否依賴外部機構或第三方，並檢查其業務活動是否遵循社會道德。

(5) 核心競爭力分析

確定企業的核心競爭力所在。對於聲稱市場上無競爭對手的企業，需特別警惕其產品或技術的單一性可能帶來的風險。同時，對比、分析企業與競爭對手的優、劣勢，並評估其核心競爭力的可複製性。

(6)收入真實性查核

鑑於企業資訊與實際情況可能存在差異,調查企業收入時需進行謹慎打折。

同時,可以透過與同產業其他企業的訂單數和銷售收入進行橫向對比,以驗證企業所披露資訊的真實性。

(7)上下游產業鏈審視

特別關注上游供應商的壟斷情況、下游客戶的分布和集中度,以及上下游企業的營運能力。這些因素直接關係到專案的穩定性和發展空間。

(8)融資方案設計

詳細了解融資方案的內容、依據,以及資金籌措和未來合理的計畫。

(9)未來預期與承諾評估

探究創業者對未來發展的計畫、預期業績及事實依據,並評估其承諾的可實現性。對於新創企業,業務盡職調查尤為重要,因為這類企業可能尚未建立完善的經營紀錄和審計稅務報表。

以上是在投資決策中不可或缺的環節,它能幫助投資者全面了解專案的真實情況,降低投資風險。當然,上述內容也並非絕對,但透過上述幾個方面的深入調查,我們可以更明智地做出投資決策,避免不必要的損失。

投資人怎麼挑案子？背後思維一次看懂

創業者與投資人的關係絕非單向選擇，而是基於相互理解和共同目標的「並肩而行」。這個過程，我將其精煉為知、會、行三個階段，每個階段都蘊含著獨特的策略與智慧。

身為一名創業者和投資人，我深刻體會到與投資人溝通的重要性。很多時候，創業者與投資人之間的交流似乎存在障礙，如同雞同鴨講。創業者與投資人之間的溝通，往往因缺乏共同「語言」而顯得困難重重。為打破這個局面，創業者需掌握與投資人有效溝通的四種關鍵「語言」。

語言一：洞悉獲利模式

深入理解創業投資的經濟邏輯，特別是普通合夥人（GP）與有限合夥人（LP）的角色及收益分配機制，是創業者與投資人建立共識的基礎。

語言二：展現高成長力

投資人追求的是高退出值，即專案未來的巨大市場價值和成長空間。因此，創業者需清楚描述專案的市場潛力和成長空間。

語言三：平衡持股比例

高持股比例是投資人確保收益的重要方法。創業者需理解投資人對股份的期望，並在談判中尋求雙方都能接受的平衡點。

語言四：維繫良好關係

建構信任橋梁。在投資人篩選巨量專案的過程中，與創業者建立的深厚關係，往往成為決定投資的關鍵因素。創業者應主動溝通，及時回饋，以維繫並加深這種信任。

掌握這四種「語言」，創業者便能更有效地與投資人溝通，展示自己的專案價值，從而增加獲得投資的可能性。

如果我們將融資視為一場考驗，投資人則扮演著考驗中的評判者角色，你的核心任務便是贏得評判者的青睞與信任。融資之旅，實質上是在運用獲利模型，巧妙回應評判者丟擲的種種棘手挑戰。

因此，除了正確理解投資人的「語言」，倘若你能提前對投資人常問的問題做一些功課，回答精準，使投資人深信你能攜手共創財富，那融資便會水到渠成，成功的可能性就多了一分（詳見表 1-3）。

表 1-3 投資人常見問題清單

投資人常見問題清單		
分類	投資人愛問／常問	提問潛臺詞／推薦回答角度
關於團隊建構	你踏上創業征途的初衷何在？	考察內在的驅動力／價值感
	團隊是如何集結的？	成員間是否形成核心能力

01　你很優秀，投資人為何不買單？

投資人常見問題清單		
關於團隊建構	與競爭對手相比，你的團隊擁有哪些獨特優勢？	與業務核心能力的契合度
	你的團隊是否夠傑出？	團隊是否具備成功的潛力
	團隊內部的股權結構是怎樣的？	分配是否科學合理
	合夥人為何與你並肩作戰？	合夥人期望與團隊凝聚力源自何處
	你的團隊當前規模與分工情況？	這樣的部署能否有效支撐業務發展
關於業務模式	你的專案具體解決過什麼問題？能否透過實例生動說明？	考察能否快速說清楚業務
	你的解決方案是否經得起推敲？	你的關鍵假設及驗證進展
	盈利模式的核心是什麼？	商業邏輯預判的依據何在
	流量獲取的策略與管道有哪些？	考察獲客管道與成本
	商業模式中蘊含的成長動力是什麼？	成長驅動因素是什麼
關於市場分析	你如何估算市場天花板的？	考察是否有研究方法與驗證
	所在賽道的發展趨勢如何？	產業集中度及專案壁壘的評估
	從使用者角度出發，產業的核心問題是什麼？	使用者視角及如何代入情境解釋你的服務
	為何此刻是創業的最佳時機？	預判產業變動與空窗期

投資人常見問題清單		
關於發展規劃	你期望融到多少錢？	這個數字是如何得出的
	未來 N 個月內，你的業務藍圖是什麼？	與融資額的邏輯關聯何在
	上一輪融資的投資者是誰，投資時間是什麼時候？	了解上一輪的融資情況
	當前估值的依據是什麼，採用了哪些可靠的估值方法？	是否有可靠的估值方法
關於競爭格局	你的主要競爭對手有哪些？	如何理解市場定位
	競爭對手的發展狀況如何，你為何仍有勝算？	考察對競爭情報的掌握
	你的業務長期競爭優勢何在，如何建構競爭壁壘？	競爭壁壘預判
	相比現有產品／服務，你的專案帶來了哪些顯著優勢？	比原本方案好多少
關於數據表現	你的業務關鍵指標有哪些？	符合業界公認的評價標準
	當前的營運數據如何？	不要單純聊數字，聊背後的結論
	專案營運時長及獲利狀況？	單點模型是否已驗證可行
	客單價、客戶數量、銷售額及利潤等關鍵數據如何？	評估專案健康狀況

▎「會」的階段 ——
　做好充分準備，避免尷尬與無效溝通

整個融資籌備的過程是一項涵蓋廣泛內容的重大議題，在現實中，就算是已經共同生活過一段時間的人，也未必100％了解彼此，更何況是初次見面的兩個陌生人。我們的專業服務團隊致力於投入數週、乃至數月的時間，全方位、仔細地協助客戶完成這個複雜過程。若要將每一環節細細展開，恐怕需耗時數日課程的功夫，方能詳盡闡述。

為此，我們精心匯總了一份融資籌備中的關鍵要素自查清單（詳見表 1-4），從而為大家提供一個全面自檢的工具。透過這份清單，大家可以系統地評估自己的融資準備工作是否已臻完善，確保後續每一步都走得更加穩健踏實，也避免尷尬與無效的溝通，為成功融資奠定堅實基礎。

表 1-4 融資籌備自查清單

融資籌備自查清單	
環節	內容
第一步 建立基礎認知框架	資本市場概覽：你是否對基金的整體規模、分類及投資風格有深入了解？
	融資流程精通：你是否清楚融資各環節的必備材料，以及如何有效推進投資意向至實際實行？
	基金內部運作：你是否熟悉基金內部的職位設置、決策流程及會議通過的關鍵節點？

融資籌備自查清單	
第一步 建立基礎認知框架	融資術語掌握：你是否能熟練運用 TS（投資條款清單）、SPA（股權購買協議）、GP／LP（普通合夥人／有限合夥人）、DD（盡職調查）等融資術語？
第二步 業務整理與最佳化	市場潛力評估：你的目標市場容量及成長天花板是否經過嚴謹推算，具備說服力？
	商業模式闡述：你的商業模式是否表述清晰，易於投資人理解並產生興趣？
	競爭態勢分析：你是否客觀評估了競爭環境，並有效突出了你的核心競爭優勢？
第三步 打造高品質商業計畫書（BP）	BP 品質提升：你的 BP 是否已達到業界合格標準，結構清晰，內容全面，且經過多輪打磨？
	邏輯框架建構：你的 BP 是否遵循了一條清晰的敘述邏輯，引導投資人順暢理解？
	產業難點聚焦：你是否準確識別了產業難點，並展示了你的差異化解決方案？團隊實力展現：你是否充分展現了團隊的核心能力，以及團隊成員的優秀特質？
	數據支撐與規劃：你是否提供了有力的進展數據和關鍵指標，以及合理的業務規畫與融資計畫？
	格式與排版最佳化：你的 BP 格式是否簡潔大方，易於閱讀，且適合在手機端傳播？

融資籌備自查清單	
第四步 高效能對接資本	管道拓展：你正在利用哪些有效途徑，將專案資訊準確傳遞給投資機構？
	亮點提煉：你是否能用一句話精準概括專案亮點，吸引投資人的注意？
	推銷文案創作：你是否準備了引人入勝的專案介紹文案，激發投資人的閱讀興趣？
第五步 與投資人溝通	故事線建構：你準備的商業故事是否邏輯嚴密，能夠清晰傳達專案價值？
	情感共鳴：你的故事是否足夠打動人心，讓投資人深刻理解並記住你的專案？
	約見流程熟悉：你是否了解投資人約見的完整流程，包括時間安排、討論內容等？
	興趣識別：你是否能準確判斷投資人的真實興趣，不被其言辭所迷惑？
	投資意向推進：你是否清楚從 TS 到最終撥款的全流程，以及各環節的關鍵工作和所需材料？

如上表所示，融資籌備的核心流程可以精煉為幾大關鍵步驟：奠定基礎、內部整理與對外展示。首先，掌握融資所需的基礎知識是不可或缺的起點；隨後，第二與第三步則聚焦於企業內部，進行深入的業務與團隊整理；最後，第四與第五步則轉向外部，致力於精準有效地向投資人展示專案價值。

可以說，一個全面且高效能的融資籌備過程，實質上就

是圍繞這五大環節展開：先固定基礎，再內部精耕，最後對外精采呈現。對於尋求融資的你而言，這幾乎是一條最為直接且有效的籌備路徑。至於具體如何寫一份高品質的商業計畫書，我們將在後面章節詳細闡述。

在專案篩選的過程中，我深刻體會到，眾多專案在初步交流後便杳無音訊，如同求職者的履歷石沉大海。創業者們在推進專案時，往往會遇到諸多困惑與挑戰，但不應過早輕言放棄，不妨多想想，在有了基礎的了解與溝通後，如何進一步吸引並促成投資？為此，我歸納了如下要點，以助力創業者更高效能地推動專案實行（詳見表1-5）。

進一步推動專案實行的細節	
主動邀請與高效率溝通	面對分歧或僵局，主動邀請專案方進行深入交流是破冰的關鍵。選擇合適的時機與方式，提升溝通效率
專業拜訪與精彩呈現	首次會面至關重要，需注重形象、禮儀及專業資料的準備。確立拜訪目標，精心安排會議內容與時間，以留下深刻印象
及時回饋與緊密跟進	初次拜訪後，及時與專業團隊討論並回應專案方的疑慮。制定解決方案，並迅速回饋，展現專業與高效率

01　你很優秀，投資人為何不買單？

深入互訪與決策推動	進入二次互訪階段，意味著專案方已產生一定興趣。此時，應更詳盡地展示專案，並準備與決策者進行深入交流
仔細洽談與合作細節	專案確認前，需與投資方就協議條款進行仔細溝通，包括投資金額、股權分配等關鍵資訊，確保合作順暢
專案成功引進與持續服務	專案確認並非終點，而是持續服務的開始。協助專案方熟悉流程、解決人才與政策等問題，確保專案長期穩定發展

掌握上面幾個細節，創業者將更能有效地推進專案實行，與投資人建立穩固的合作關係，共同實現專案的成功引進與長期發展。

02　為什麼是你？
投資人看人的標準

　　在尋求投資的道路上，企業家不僅需要有一個前景廣闊的專案，更需要展現出一種綜合的實力與魅力，以贏得投資人的青睞。這種實力並非單一的經濟數據或市場規模，而是包含了多方面的素養和能力：深入了解使用者需求的敏銳洞察力、對創業路徑的執著信仰、面對困境能夠靈活變通的思維能力、不依賴運氣而注重實踐的健康心態、扎實的商業常識及掌控全局的布局能力。這些特質，共同構成了企業家征服投資人的「敲門磚」，是他們能夠在激烈的市場競爭中脫穎而出的關鍵。

　　本章將從這些方面逐一探討，揭示企業家如何透過這些綜合特質來贏得投資人的信任和支持。

創業家最該有的個人魅力

在選擇投資專案時,像巴菲特(Warren Buffett)這樣的投資大師,總是特別關注目標企業的經營決策者。如果發現經營者的行為存在不誠信,他會果斷地將這樣的企業排除在投資選擇之外。這足以說明,「人」的因素在商業決策中,占據著至關重要的地位。

專業投資人在尋找並投資那些在高成長產業中表現突出的企業的過程中,他們會進行大量的市場調查和深入的產業研究,這些分析和研究,只是投資人投資決策的一部分。真正促使他們做出最終投資決定的,其實是企業家和創業者本身的綜合素養和個人魅力。正是這些難以量化的特質,讓投資人對他們領導的企業充滿信心,並期待在未來共同創造更大的價值。

在知名節目中,一間麵店的孫老闆讓觀眾留下深刻的印象。他堅守「做一個正直的人,做一碗有良心的麵」的信念,不僅展現了他二十年如一日精湛的甩麵技藝,更透露出他對家人和生活的責任與擔當。即便在行銷資源有限、麵的銷售量不盡如人意的情況下,他依然堅守「麵條中沒有添加物」的原則,這份執著,不僅賦予了麵條獨特的彈性,也塑造了他不屈的精神風骨。

孫老闆的麵條,除了獨特的甩麵技巧,還有那一鍋精心熬煮的大骨湯。他每天凌晨就出現在市場,親自挑選熬湯用

的大骨,確保每一碗麵的湯底都是新鮮、高品質的。面對市場的質疑和不解,他始終不改初心,用一碗碗充滿良心的麵條,傳承著傳統的手藝。

在接受採訪時,孫老闆堅定地表示:「無論生意如何變化,我對這碗麵的原則始終不變,那就是要有良心。只有心裡踏實,做出的食物才會讓人覺得吃得飽、吃得好。我會保持初心,永不妥協。」

在新的經濟形勢下,財富將更依賴於精耕細作的「營運」型成長。這意味著,在當下這個時代,要成功經營一家企業或做好一個專案,必須更加注重產品和內容的品質,更加注重實實在在地營運。只有可靠的人,付出比別人更多的努力,才有可能成為最終的贏家。那些試圖走捷徑、靠運氣賺錢的人,最終往往會因為自身的「實力」而虧損。因此,在投資人眼中,人的可靠程度是決定他們是否願意投資的關鍵因素。

1. 投人就是投「品格」

在投資人的決策過程中,企業家的品格無疑是一個至關重要的考量因素。品格的三大支柱 ——「胸懷」、「格局」和「信用」,共同構成了我們判斷企業家是否值得投資的重要標準。

「胸懷」不僅是企業家從容面對各種挑戰和不確定性的內在支撐,更是其領導團隊、吸引人才的重要魅力所在。一個擁有博大胸懷的企業家,能夠容納百川,帶領團隊共同攀登事業的高峰。

而企業家的「格局」，則直接關乎企業的未來發展高度。它展現了企業家心中的遠大目標，和對未來的宏偉規劃。一個缺乏高遠格局的企業家，其企業很可能在達到某個階段後便停滯不前，無法繼續向前發展。

「信用」則是投資人與企業家建立合作關係的基石。在投資領域，信用破產意味著企業價值的嚴重貶值。一旦發現信用問題，投資人會毫不猶豫地放棄投資，因為投資必須建立在堅實的契約精神之上。

2. 投人就是投「天賦」

在投資人的眼中，傑出的企業家精神——如勤奮、智慧、強大的學習力和高效能的執行力——相當程度上源於他們的個人天賦。這些特質並非可以輕易選擇和培養的，而是與生俱來的獨特品格。

我們投資過的傑出企業家們，無論事業處於何種階段，他們始終保持著對知識的渴求和對自我提升的執著。他們拒絕呆板、享樂的生活方式，選擇持續學習、不斷進步，這種內在的驅動力，正是他們天賦的展現。投資這樣的企業家，就是投資他們的天賦和無盡的潛力。

3. 投人就是投「專注」

我們常聽到「世上無難事，只怕有心人」這句格言，然而真正將這句話踐行到底的人並不多見。在投資領域，專注力

是評估一個創業者或企業家是否值得投資的重要標準。

許多投資人會提出一個有趣的問題：「蜘蛛沒有翅膀，為何能在空中織出如此精美的網？」答案就在於蜘蛛的專注與堅毅。牠從屋簷一隅開始，小心翼翼地吐出每一根絲，一步一腳印地向下攀爬，再費力地爬上對面的屋簷，收緊每一根絲。這個看似簡單卻需要極高精準度的過程，被蜘蛛反覆執行，直至最終，織成一張緊密且精緻的網。

商業世界的成功故事往往也是這樣被創造出來的。那些專注於目標、不畏艱難、持之以恆的企業家，就像蜘蛛一樣，透過反覆嘗試、不斷調整和最佳化，最終創造出令人矚目的商業奇蹟。因此，當投資人選擇投資對象時，他們實際上是在投資這種專注力和堅忍不拔的精神。

4. 投人就是投「堅毅」

在投資人的決策過程中，成功企業家的三大要素——智商、情商和逆商，都是重要的考量標準。除了智商和情商外，逆商——即面對逆境時的應對能力——同樣是我們評估是否投資某個人的關鍵角度。堅毅，作為企業家的一個重要品格，深刻反映了一個人在遇到挫折和困難時的解決能力。

總之，「投資就是投人」。而投資人在投人時，更側重投那些「有品格」、「有天賦」、「能專注」、「能堅毅」的人。道理很簡單，因為有品格的人才會有夥伴，有天賦的人才能進步，能專注的人才有深度，能堅毅的人才有高度！

02　為什麼是你？投資人看人的標準

在投資領域，我遇到過眾多創業者，他們或許憑藉直覺發現了一個有前景的產品或項目，便急匆匆地投入其中。然而，當產品問世後，他們往往發現現實與預期存在差距，導致專案陷入困境或被迫放棄。這背後反映出的是創業者──尤其是 CEO ──的策略眼光和執行力的不足。

一個專案的成功，從開展項目到推向市場，再到穩健發展，這是一個長期且需要策略聚焦和持續關注使用者體驗的過程。這個過程中，CEO 的角色至關重要，他們不僅決定著專案的方向，更影響著整個團隊的凝聚力和執行力。

一個優秀的 CEO，首先要有強烈的「使命感」。這種使命感不僅驅動他們為企業創造社會價值，還能引導企業在賺錢的同時，堅守道德底線，實現永續發展。以某搜尋引擎企業為例，其「讓人們最便捷地獲取資訊，找到所求」的使命感，不僅為使用者提供了便捷的服務，也為企業帶來巨大的商業價值。

此外，CEO 還需要具備反映民眾需求的思維。這種思維使他們能夠深入理解市場需求，關注使用者體驗，從而帶領企業創造出真正有價值的產品和服務。一個脫離實際、瞧不起基礎產業和民眾的 CEO，是難以帶領企業走向成功的。

在融資過程中，一個好的 CEO 能讓投資人看到企業的潛力和未來。他們不僅要有策略眼光和執行力，還要有強烈的使命感及反映民眾需求的思維。這樣的 CEO，才是投資人真正青睞的對象。

一個好的 CEO，需要具備多方面的素養：他們要有前瞻性的策略眼光，能夠準確掌握市場脈動；他們要有強大的執行力，能夠帶領團隊將願景變為現實；他們更要有堅定的使命感和反映民眾需求的思維，確保企業在追求商業價值的同時，也能為社會創造真正的價值。

總結起來，在當今競爭激烈的市場環境中，一個優秀的 CEO 必須具備多方面的核心能力，以引領企業穩健發展。以下是對這些核心能力的深入剖析：

1. 洞察本質與創新思維

優秀的 CEO 應具備洞察產業本質的能力，能夠辨識並關注影響專案發展的關鍵因素。他們不僅要了解產業的基礎知識，還要能敏銳地捕捉市場的細微變化。

當市場環境發生改變時，CEO 應迅速調整策略，找到新的成長點。這種回歸本源的思考方式是創新的前提，它要求 CEO 從問題的根源出發，尋求更高效能、更貼合產品特性的解決方案。例如，像伊隆・馬斯克這樣的產業領袖，就善於運用「第一性原理」來思考問題，從而實現了多個領域的突破和創新。

2. 卓越的產品能力

在使用者時代，產品是企業的核心競爭力。CEO 需要密切關注產品是否受到使用者的喜愛和認可。許多成功的 CEO

本身就是優秀的產品經理，他們能夠將使用者需求轉化為具體的產品功能和設計。透過交付具有高 CP 值的產品，CEO 可以展現其卓越的產品能力，並讓使用者真切感受到產品的價值和力量。

3. 全面的生態思維

CEO 必須具備全面的生態思維，對產業有宏觀的認知和看法。他們需要找到自己在產業中的定位，熟悉公司業務的各個階段，並能找到各階段之間的內在連結。擁有動態的產業發展視角，使 CEO 能夠預測產業的未來趨勢，從而做出明智的決策。

4. 開闊的視野與格局

在合作雙贏的時代背景下，優秀的 CEO 需要善於整合和利用各種資源。他們應具備將公司業務與相關產業相結合的前瞻性思維，能夠站在更高的角度看待產業的發展。這種開闊的視野和格局，有助於為公司制定正確的宏觀發展策略。

5. 出色的駕馭能力

CEO 的駕馭能力主要展現在對人才的管理和激勵上。他們應知人善任，透過舉辦活動或制定福利待遇，來提升員工的積極度，並提高忠誠度。一個優秀的 CEO，會充分了解團隊成員的優缺點，發揮他們的長處並避免短處，從而凝聚團隊力量，共同為公司的發展目標奮鬥。

一個優秀的 CEO 不僅僅要具備回歸本源、產品能力、生態思維、高視野與大格局，以及駕馭能力等核心特質，更要在這些特質的基礎上，形成自己獨特的個人魅力。這種魅力，源於他們的綜合素養 —— 深厚的產業洞察力、敏銳的市場直覺、卓越的管理才能，以及對團隊和企業深深的熱愛與責任感。正是這種個人魅力，使企業家能夠在複雜多變的市場環境中遊刃有餘，引領企業走向更加光明的未來。

信念，是創業路上最大的資產

經營企業，其實質不只是追求利潤，更深層的是在經營一種「相信」。這種「相信」，逐漸昇華為「信念」，最終鑄造成堅不可摧的「信仰」。在建構企業經營的金字塔時，「相信」便是那堅實的基石。

想像一下，如果你對自己、對企業的願景和產品都沒有堅定的信心，那你如何能做好銷售，如何能讓企業蓬勃發展？這種信任，不僅是對外的展示，更是內在的驅動力。

而談及信仰，我們並非倡導盲目崇拜某個人或某個宗教，而是強調信仰自己、信仰自己的能力和潛力。因為，當你選擇信仰他人時，實際上你是在交出自己的力量；但當你選擇信仰自己時，你便掌握了這股力量，甚至能吸引他人來信仰你。

這種信仰不是虛無縹緲的，它會轉化為具體的行動和決策，指導你在經營和人生的道路上，始終堅定地走自己的路，不受外界誘惑和干擾。

在眾多企業家裡，我個人最佩服的是一位玻璃製造集團的曹董事長，他不僅以其在商業領域的傑出成就聞名，更因其慈善行為而備受讚譽。

身為一位成功的企業家和慈善家，曹董事長在人生舞臺

上扮演雙重角色。由於曹董事長的慷慨善舉，每年都有許多人到他家門口尋求幫助。面對這些求助者，無論是真正有困難的人、生意破產者，還是騙子，他都以佛家的因果觀來看待和理解。儘管有時會遇到利用他善心的情況，但他仍然會根據實際狀況做出判斷，並繼續他的慈善事業。

四十年來堅持行善布施的曹董事長已見識了眾生百態。對於受益人的需求和想法，他有越來越細膩的體察和智慧的處理方式。而對於那些節外生枝的非議，他則總是一笑而過，繼續他的慈善之路。

在曹董事長身上，我們既能看到真正的企業家精神，又能感受到他個人深沉且堅定的信仰。

在商海浮沉中，企業家與商人雖同舟共濟，卻各懷志向，可以說，二者有著本質的差別。

商人以利潤為帆，追逐市場的風浪；而企業家則更注重事業帶來的社會變革，積極承擔社會責任，如曹董事長所言，企業家的責任在於使社會進步、人民富足。

02　為什麼是你？投資人看人的標準

靈活思維，勝過教條計畫

「平庸的人改變結果，優秀的人改變原因，而最高級的人改變思維。」在這個充滿不確定性的時代，成功的企業家不只是那些致力於改變世界的聖人，而是能夠靈活變通地適應世界的人。

隨著科技、全球化與資訊的迅速發展，傳統思維模式已難以滿足現代社會的需求。那些能夠快速適應變化、勇於創新的人，才能在競爭中脫穎而出。變通思維，即要求我們在面對問題時，不局限於既定框架，勇於突破常規，尋求新的解決方案。它強調思維的靈活性、開放性與創新性，鼓勵我們從多角度審視問題，勇於嘗試未知。

企業家在經營企業時總會遇見各式各樣的問題，每個問題都可能有多種解決方案。成功的關鍵往往不在於你擁有多少資源，而在於你如何巧妙地運用這些資源。

要培養變通新思維，建議可以從以下幾個方面入手：首先，保持好奇心與求知慾，不斷學習新知識、新技能，為變通思維提供素材與靈感；其次，勇於質疑與挑戰傳統觀念和規則，打破思維定式；再者，進行跨界學習與融合，將不同領域的知識和思維方式相結合，形成獨特視角；此外，透過實踐探索與反思，將變通思維轉化為實際行動，並在實踐中不斷完善；最後，培養批判性思維，保持獨立思考，形成自

身判斷和見解。

　　未來,只會充滿更多變化、挑戰與不確定,也只有持續培養和發展自身的變通新思維,以更加靈活和創新的姿態迎接未來的每一個挑戰與機遇,我們才有更多力量決勝未來。

不投機，才是讓人放心的開始

在商業世界中，有些創業者曾經站在風口浪尖，享受著成功帶來的風光，但隨後卻因投機心理而跌入深淵，甚至面臨傾家蕩產的困境。這種現象並非特例，而是經商道路上的常見陷阱。

許多一度輝煌的企業家，最終走向衰敗，其背後的原因除了外部環境的變化，更重要的是他們內心的投機心理。為了追求更大的利益，他們不惜冒險，甚至願意賭上全部身家。然而，這種過度投機的做法，往往導致他們失去理智，忽視了商業經營中的風險管理和穩健原則。

資本市場是一個充滿魅力的舞臺，但它並不適合所有人。對於那些缺乏智慧、不願意思考、心理承受力弱或企圖透過短期投機實現暴富的人來說，這個市場可能會成為一個危險的陷阱。

身為創業者，必須時刻保持清醒的頭腦，堅決摒棄投機心理。創業之路並非坦途，需要耐心、努力和智慧。我們應該專注於深入了解市場需求，提升使用者體驗，持續推動產品的發展和創新。只有這樣，我們才能在激烈的市場競爭中立足，贏得投資者的真正信任和長期支持。

因此，穩健經營、遠離投機是每一個創業者在經商道路上必須堅守的原則。

身為創辦人，維持一個穩健的心態是成功的基石。不少創業者在籌集資金時，常常會步入一種失誤，即過度迎合投資者的偏好，甚至不惜更改原有的經營策略或方向。但這樣的做法，不僅削弱了專案的特色和核心價值，更可能因小失大，為了眼前的短暫利益，而忽略了長遠的發展計畫。

通常，那些持有過度投機心態的創業者，會展現出以下特點：他們善於尋找並利用市場、法律或規則的漏洞；他們常抱著「碰運氣」的心態，成功就歸功於自己的好運，失敗則自認倒楣；他們可能並不真正持有商品或資產，而是依賴對資訊的掌握和對市場的敏銳洞察，在買家和賣家之間斡旋，以獲取利潤。

過度投機的行為各式各樣，一方面可能涉及明確的違法行為，如製造並銷售劣質產品，傷害消費者；囤積貨物以製造短缺；盲目進行資源開發，導致資源浪費和環境破壞等。另一方面，它也可能表現為鑽法律和政策的漏洞，採用不道德的手段獲取商業利益。

雖然過度投機有時的確能為某些人帶來迅速地成功和財富，這樣的案例也為眾多創業者提供了某種「榜樣」。但我們必須清醒地看到，在投機行為中，真正成功的人總是少數，而失敗的人則是大多數。那些少數成功的案例，也並非常勝軍，他們的成功往往是短暫的，難以持久。

張總不僅是一位對網路產業有深刻見解的資深投資人，還是一位歷經創業挑戰並抓住市場機遇的企業家。他的這種雙重身分，使他能夠深刻理解新創企業和團隊的挑戰與機遇，並總願意為他們提供有力的支持，幫助他們穩步前行。

在張總看來，創業並非簡單的商業冒險，而是一種對生活、對事業的深刻追求和熱愛。他堅信，「那些抱有『投機』心態的創業者，如果只是試圖碰碰運氣，那麼他們很難真正達到成功。因為成功不是偶然的，它需要堅定的決心、持續的努力和卓越的智慧。」

張總在某一次產業交流會上遇到了正在創業的小王，她是一位專注於 VR／AR 領域的女性創業者。小王的技術實力和對產品的熱情，深深打動了張總。經過一系列深入地溝通和交流，張總決定為她提供全方位的支持和指導。

「投資不僅僅是投入資金，更重要的是投入我們的專業知識和經驗，以及我們對創業團隊的信任和支持。」張總說。他被小王對創業的執著和熱情所感動，決定加入她的創業旅程，為她提供策略指導、市場分析和團隊管理等方面的幫助。

隨著公司業務的不斷擴展，小王面臨了團隊管理的挑戰：一些早期團隊成員已無法適應公司快速發展的需求。張總深知團隊穩定性和持續成長對公司的重要性，他建議小王採取一種平衡和人性化的方式來解決這個問題，確保每個團隊成

員都能在公司中找到自己的位置，並實現個人價值。

後來，張總投資的公司逐漸在 VR／AR 產業中嶄露頭角，展現出強大的競爭力和市場潛力。談及這次合作，張總表示：「我們非常榮幸能夠與小王和她的團隊攜手共進，共同實現創業夢想。這正是投資所追求的，與優秀的創業者共同成長，創造更多的社會價值。」

身為創業者，我們應該時時刻刻堅守初心，全力以赴地追求自己的商業目標，而不是寄希望於投機取巧。在商業世界中，許多大老都深惡痛絕投機行為。

在面對投資者時，創業者要能夠清晰地闡述自己的商業模式、市場需求、競爭優勢以及未來發展藍圖。同時，他們也應該誠實地面對專案的不足之處和所面臨的挑戰。

過度投機對任何一家企業來說，都是得不償失的。你或許能騙過一些人一時，但你不可能騙過所有人一世。一旦客戶識破了你的把戲，你的信譽就會蕩然無存。更嚴重的是，如果觸犯法律，你將無處可逃，法律的制裁是嚴厲且公正的。因此，無論過去有多麼輝煌，如果走上投機的道路，最終都難免失敗的結局，甚至可能傾家蕩產。

時刻記住：秉持健康的心態，腳踏實地，創造真正永續的價值。不賭運氣，不投機，這是每一位創業者都應該銘記於心的原則。

商業的底層邏輯：常識、膽識與共識

彼得・杜拉克（Peter Drucker）曾深刻指出：「預測未來最好的方法，就是去創造它。」這句話對每一位企業管理者來說，都是一種激勵和指引。在日新月異的商業環境中，如何引領企業穩健前行，創造更加輝煌的未來？我認為無論是企業家還是各管理階層，都需要具備「四識」智慧 —— 常識、見識、膽識和共識。

很多人誤以為常識就是知識，當然，「知識」也是經營企業的基石。沒有深厚的知識儲備，就難以洞察市場動態，更難以駕馭企業的航向。然而，知識並非「萬能」，尤其經營企業更注重實踐，你讀再多的理論知識，最終也要看實踐的效果。這往往需要我們在知識的基礎上有點常識，如圖 2-1 所示。

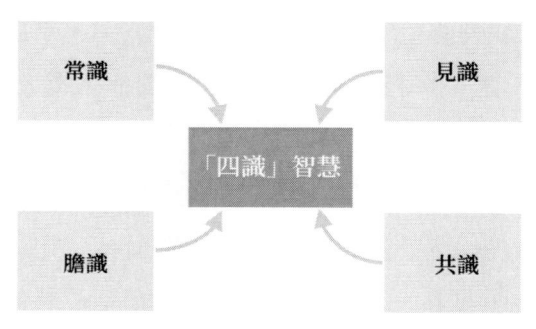

圖 2-1 經營企業的「四識」智慧

常識是我們對商業世界基礎規律的認知。

它涵蓋了市場供需關係、消費者行為、產品定位等基本概念。這些常識性的知識，為我們提供了商業活動的基礎框架，幫助我們理解市場動態和制定初步策略。例如，了解消費者的需求和偏好，是制定市場策略的基本常識，而意識到產品品質和價格是影響銷售量的關鍵因素，則是進行產品定位的基礎。

見識則展現了企業家對商業趨勢的深刻洞察和前瞻性思考。

在快速變化的市場環境中，具備遠見卓識的企業家，能夠敏銳地捕捉到新機遇，及時調整策略方向，引領企業走向成功。見識不僅要求對現有市場的深刻理解，還需要對未來趨勢的準確判斷。透過不斷學習、實踐和創新，企業家可以提升自己的見識水準，為企業的長遠發展奠定堅實基礎。

「膽識」則是管理者在關鍵時刻勇於冒險、勇於開拓的重要特質。

具體而言，「膽識」是管理者在面臨重要抉擇時，所展現出的勇於冒險和勇於開拓的寶貴特質。它不僅要求管理者具備在複雜情境中迅速做出決策的魄力，更要求他們擁有為實現企業長遠目標而承擔風險的勇氣。

在商業世界中，機會與風險往往並存。一個具備「膽識」

的管理者，能夠在關鍵時刻洞悉市場機遇，迅速做出決策，並帶領團隊迎難而上，抓住稍縱即逝的商業機會。他們勇於打破常規，不拘泥於傳統的經營模式，勇於嘗試新的商業模式和策略方向。

然而，「膽識」並非盲目冒險。管理者在展現膽識的同時，也需要結合自身的知識、見識，以及對市場的深刻理解，進行系統化的風險評估和合理的資源配置。

他們需要在冒險與穩健之間找到平衡點，以確保企業的永續發展。

因此，「膽識」是管理者在關鍵時刻所展現出的敢冒險、開拓創新的特質，同時也是他們帶領企業走向成功的重要因素之一。

最後，共識是商業活動中各方參與者共同認可的觀念或原則。

在商業合作中，達成共識是推動專案順利進行的關鍵。它要求各方在利益分配、風險承擔、合作方式等方面，達成一致意見。透過有效的溝通和協商，可以增進彼此的理解，減少誤解和衝突，從而建立起穩固的合作關係。共識的形成有助於提升團隊的凝聚力和執行力，共同應對市場挑戰。

以下我們以此來分析某通訊設備 H 科技公司的一個具體決策案例，來解析其在商業決策中如何運用「四識」智慧。

情境：

隨著5G技術的日益成熟，H科技公司意識到這將是通訊技術的一個重大轉捩點。

公司需要在全球範圍內進行5G網路的布局和推廣。然而，這個決策涉及巨大的投資和風險。

常識的運用：

H科技公司首先基於通訊產業的基礎知識和發展趨勢，判斷5G將成為未來通訊技術的主流。這是基於常識的判斷，因為從歷史發展來看，每一代通訊技術的升級，都會帶來產業的巨大變革。

見識的展現：

儘管5G的前景被廣泛看好，但H科技公司的高層也意識到，單純地跟隨產業趨勢，並不足以確保成功。因此，他們決定在5G技術的基礎上進行創新和最佳化，以形成自己的競爭優勢。H科技公司投入巨資，研發了一系列與5G相關的核心技術和產品，如晶片、基地臺和終端設備。這種前瞻性的策略布局，正是基於對產業未來趨勢的深刻見識。

膽識的彰顯：

在面臨巨大的投資風險和市場競爭時，H科技公司的管理者展現出難得的膽識。

他們勇於冒險，果斷決策，投入大量資源，進行5G技

術的研發和推廣。正是這種膽識，使 H 科技公司能夠在關鍵時刻抓住機遇，迅速占領市場先機。

共識的形成：

在確定了 5G 策略方向後，H 科技公司高層開始在公司內部進行多輪的討論和溝通，以確保各級管理團隊和員工對這個策略達成共識。透過舉辦內部研討會、培訓會，公司成功地讓大部分員工意識到 5G 的重要性，並形成了推廣 5G 的共同意願和行動計畫。

結果：

H 科技公司的 5G 策略獲得巨大的成功。憑藉其在 5G 技術領域的領先地位和豐富的產品線，H 科技公司贏得了全球眾多營運商和消費者的青睞。同時，其內部的共識也確保了策略的有效執行和推廣。

在商業決策中，H 科技公司不僅巧妙地運用了商業的智識，且基於產業常識，作出了正確的策略選擇，還透過內部溝通，形成廣泛的共識，並憑藉其獨到的見識，在競爭中脫穎而出。這為其他企業在制定和執行商業策略時，提供了寶貴的借鑑。而 H 科技公司創辦人在商業決策中展現的果決與魄力，使他能夠在複雜多變的商業環境中穩健前行。他勇於探索未知，勇於冒險並承擔風險，這種膽識和決斷力，成為他帶領公司走向成功、邁向世界的關鍵因素。

在商業世界中，常識為我們提供穩固的基礎，使我們能夠理性地分析和判斷市場情況；見識則賦予我們獨特的視角和深刻的洞察力，以捕捉那些被忽視的商業機會；膽識則激勵我們在關鍵時刻勇於冒險，勇於做出重大決策，從而引領企業走向新的高度；而共識，則是團隊合作的基石，它確保了我們能夠團結各方力量，共同朝一個目標努力前進。

對投資人而言，他們深知這些特質的重要性，因此在尋找投資項目時，會特別關注創業團隊是否具備這些智識。

創業領袖必備的六種「局觀」能力

在紛繁複雜的商業環境中,一個成功的領導者不僅需要具備深厚的專業知識和敏銳的市場洞察力,更需要有一種高瞻遠矚的布局能力。布局能力,簡而言之,就是根據企業策略目標和市場環境,合理地規劃、配置和調整企業資源,以建構具有競爭優勢的商業版圖。這種能力,對企業的長遠發展至關重要,它決定了企業能否在激烈的市場競爭中脫穎而出,實現持續穩健的成長。

在當今商業環境中,價格戰、通路爭奪、促銷活動、資本投入比拚、品牌排名競賽以及觀點交鋒等各種商戰層出不窮。對企業家而言,想在激烈的市場競爭中立足、發展,乃至領先,就必須具備一套完整的策略布局能力:從洞察市場格局,到策劃策略,再到實施布局,以及執行策略、破解困局,最後到掌控全局,詳見圖 2-2 所示。

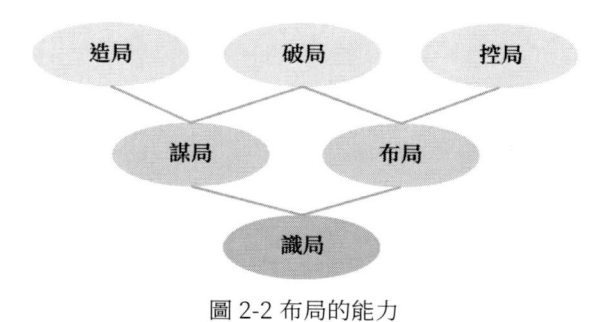

圖 2-2 布局的能力

1. 識局

簡單來說，所謂識局，就是洞察市場格局，指商業人士應具備深入剖析市場動態、準確掌握市場趨勢，並從中敏銳捕捉商機的能力。商業活動的核心並不只是簡單地生產和銷售產品，更重要的是辨識出哪些產品具有最佳市場前景，哪些產品與自身業務模式最為契合，以及哪些產品最有可能引領未來市場潮流。換言之，就是要發掘那些能夠促進企業持續發展的市場機遇。

2. 謀局

在商業競爭中，謀局是指企業家應熟練掌握行銷策劃的技巧，成為策劃的佼佼者。任何企業的資源都是有限的，若企業家僅局限於利用本公司現有資源去開拓市場，特別是對中小型企業來說，可能會因為資源不足而缺乏市場開發的信心，難以實現市場的有效拓展。因此，企業家必須精於謀局。

網路時代的顯著特點是大量資源可以免費獲取和使用。企業家應靈活利用這些免費資源，服務於企業的發展，即秉承「不求所有，但求所用」的原則。善於謀局的企業家，能夠在自身資源有限的情況下，巧妙藉助外部或免費的資源，實現資源的最大化利用，從而推動企業規模的擴大。

例如，企業家都深知焦點行銷的重要性。因此，他們需要時刻關注焦點動態，及時發現、製造，並參與其中，利用

焦點事件的影響力，達到「四兩撥千斤」的效果，以較小的投入，實現較大的市場影響。這種策略性的資源整合和利用，正是謀局的核心所在。

3. 布局

在商業領域，布局指的是企業家需對整體業務進行全面的規劃和策略安排。由於企業資源有限，因此，缺乏全面規劃的企業，容易偏離核心業務，難以變強、變大。

以產品規劃為例，企業家必須確定主營產品，因為主營產品是建構消費者信任和企業競爭優勢的基礎。若缺乏清晰的主營產品定位，消費者將難以認同企業的核心技術和市場競爭力，從而降低購買意願。例如，某冷氣製造商因其卓越的品質和「好冷氣不需要售後服務」的承諾，而廣受消費者信賴，銷售量自然有保障。然而，當這間製造商嘗試進入手機市場時，儘管董事長曾公開表示對自家手機的信心，但消費者仍不買帳。這是因為消費者不認為其具備手機領域的核心技術。

此外，宣傳推廣也是企業布局中不可或缺的一環。宣傳推廣並非僅在銷售量不佳時才進行，也並非只有大公司才能承擔。宣傳推廣應是一項有計畫、持續性的活動，而非隨心所欲的臨時舉措。

在銷售布局方面，企業家需評估要直銷還是透過分銷商銷售，銷售平臺是線下還是線上，招募何種類型的分銷商，

以及是採用傳統分銷模式還是全民銷售等新興模式……這些問題都需要企業家進行精心規劃和布局，以確保企業能夠高效能、穩定地發展。

4. 造局

在商業競爭中，造局是指企業家如何透過精心策劃的行銷活動，吸引並推動消費者購買自己的產品。這要求企業家必須熟練、掌握誘導行銷的技巧，透過精心引導和激發消費者的購買欲望，使他們從不感興趣轉變為積極購買。

為了實現這個目標，企業家需要做好造局行銷。首先，要深入挖掘產品的獨特賣點，用這些賣點來吸引消費者的注意力和好感。暢銷產品通常都具備引人注目的賣點，缺乏獨特賣點的產品，很難激發消費者的購買欲望。同時，簡單地模仿或抄襲他人的賣點也是不可取的，這樣很難真正打動消費者。

在當今的網路時代，推薦行銷成為一種流行的行銷策略。企業家可以透過釋出大量的業配文、圖片和影片等內容，營造出市場熱賣、消費者喜愛的產品氛圍，從而吸引更多消費者購買。這種行銷方式能夠有效地提高品牌知名度和聲響度，進一步推動產品的銷售。

總之，造局是企業家必須掌握的一項關鍵技能。透過深入挖掘產品賣點、運用誘導行銷和藉助網路行銷等方式，企業家可以巧妙地造局，激發消費者的購買欲望，從而推動企業的持續發展。

5. 破局

當企業家的業務遭遇市場瓶頸，或是受到競爭對手的衝擊，導致銷售量下滑，抑或是在一個產業格局已定的市場中新創企業時，便需要運用破局策略來突破市場限制，迅速搶占市場占有率。

以當前激烈的價格戰為例，中小企業往往陷入兩難境地：參與價格戰可能導致利潤嚴重縮水，甚至危及企業生存；而不參與則可能失去市場占有率。面對這種情況，企業家應採取破局行銷策略。為避免陷入價格戰泥淖，企業家可以選擇差異化市場行銷，透過打造獨具特色的產品和突出產品優勢，讓消費者難以將本企業產品與競爭對手的產品進行直接比較。這樣，企業既能規避價格戰的風險，又能贏得消費者的青睞。

當企業面臨銷售量瓶頸時，也需靈活調整行銷策略。傳統的市場方法和經驗可能已不再奏效，此時可以考慮實施產品破局策略。如今流行的跨界行銷，便是一種有效的破局方式。例如，眾多化妝品品牌藉助跨界行銷，特別是結合本國當地元素，獲得銷售的重大突破。這背後反映出的是，隨著國際地位的提升及生產技術的成熟，消費者越來越傾向於選擇當地品牌，而企業家也應敏銳捕捉這個市場變化，透過智慧破局來搶占先機。

6. 控局

許多企業在行銷上獲得巨大成功，但也可能因行銷失控而走向衰敗。這通常是因為他們只掌握了行銷的皮毛，沒有深入理解其本質，導致無法有效控制行銷活動。行銷的確可以推動企業快速發展，但如果不加以妥善控制，同樣可能為企業帶來災難。

廣告界有句名言：「企業投放廣告如同舞女穿上紅舞鞋，需一直跳下去，直至力竭。」這形象化地說明了廣告宣傳的投入可能是一個無底洞。若企業不加以控制，很容易陷入「成也廣告，敗也廣告」的境地。

如今，許多企業傾向於藉助明星、達人、網紅等方式進行市場推廣，這些都是高成本的行銷行為，必須謹慎使用。考量到網路提供眾多媒體和低成本行銷策略，企業應多加利用這些資源，透過低成本行銷來開拓市場，實現銷售量的穩步提升。這樣做不僅能有效控制行銷成本，還能確保企業在激烈的市場競爭中保持穩健的發展態勢。

如此看來，成功的企業家不僅需要具備出色的商業頭腦，更要有全面的策略布局能力。從識局洞察市場先機，到謀局巧妙借用資源，再到布局全面規劃發展，接著是造局激發消費欲望，破局搶占市場占有率，最後是控局確保穩健發展，這一系列能力，構成了企業家在商海中乘風破浪的必備素養。

02　為什麼是你？投資人看人的標準

03　站上風口，
才能一飛沖天

　　站在時代的十字路口，我們不禁要問：「那些被吹捧得神乎其神的風口，究竟是引領我們飛向夢想的翅膀，還是誘人墜入深淵的幻象？風口真相，是否真能在雲開霧散之後，顯現出它的真章？」

　　順勢而為，青雲直上，這不僅僅是投資者口中的一句空話，更是無數成功案例背後的真實寫照。但如何才能真正做到順勢而為？是盲目跟風，還是冷靜分析？在風起雲湧的市場中，我們需要的是一雙慧眼，去辨別那些真正值得投入的風口，而非被一時的熱潮所矇蔽。

　　多元角度洞察產業，這是我們掌握風口的金鑰匙。一個產業的興衰，往往不是由單一因素決定的。政策導向、市場需求、技術進步、競爭格局……這些因素，都如同錯綜複雜的線索，交織在一起，影響著產業的走向。只有當我們從多個角度進行深入剖析，才能準確地掌握產業的脈動，從而在風口來臨之際，做出明智的決策。

　　然而，在紅海中競逐的我們，是否也應該為未來擁抱藍

03　站上風口，才能一飛沖天

海做好準備？紅海市場雖然競爭激烈，但只要我們能夠不斷創新，尋找差異化的競爭優勢，同樣能夠脫穎而出。

而藍海市場，則更是我們夢寐以求的寶藏。那裡有未被發掘的機遇，有廣闊的發展空間。但如何才能找到這片藍海？這就需要我們具備敏銳的市場洞察力，以及勇於冒險的勇氣。

當然，我們也不能忽視那些瘋狂、拐騙的現象。

在投資領域，這樣的例子屢見不鮮。一些看似光鮮亮麗的專案，背後卻隱藏著巨大的風險。如果我們被表面的繁榮所迷惑，盲目投入，很可能會陷入死胡同，無法自拔。因此，在追求風口的同時，我們更要保持清醒的頭腦，理性地分析專案的可行性和風險性，遠離那些虛無縹緲的幻影，掌握住實實在在的機遇。

解構風口現象與產業時機

每一位創業者在創業之初都懷抱著借力風口、一飛沖天的憧憬。他們認為，捕捉到風口，就相當於拿到了通往成功的金鑰匙，它有潛力將一個看似普通的創業專案「吹」向巔峰，助力創業者實現他們的遠大夢想。

我們所說的創業風口，究竟是什麼呢？它真的有那麼大的威力嗎？

深入探討風口的本質，我們可以理解為：在商業領域內，那些由特定產業或領域發展趨勢所形成的機遇風口。這種趨勢具有強大的影響力，能夠孕育出無數商機。值得注意的是，風口並非靜止不變，它可能因新技術的湧現、社會動態的變化或消費者需求的演進而不斷轉換。那些傑出的創業者，正是憑藉著敏銳的洞察力和快速的應變能力，才能在這些趨勢中捕捉到寶貴的機遇。

具體來說，「風口」在商業和投資領域中，通常指的是一個特定的市場或產業在某段時間內出現的快速成長和變革的現象。這種現象往往伴隨著大量的商機和投資機會，因此被視為投資者和企業家的理想進入時機。

我們可以從以下幾個方面來理解「風口」（詳見表 3-1）。

表 3-1 理解「風口」的幾個方面

理解「風口」的幾個方面	
市場需求的激增	當某個產業或領域的產品或服務需求突然大幅增加,而市場上的供應量尚未跟上時,就形成了一個「風口」。例如,隨著智慧型手機的普及,行動網路產業迎來了一個風口期,各種 APP 和網路服務如雨後春筍般湧現
技術創新的推動	當某項新技術或創新產品出現時,如果能夠引領產業變革並滿足市場需求,那麼這項技術或產品所在的領域就可能成為下一個「風口」。例如,人工智慧、區塊鏈等技術的興起,都帶來了新的投資機會和創業熱潮
政策環境的支持	政府的政策扶持和導向也會對「風口」的形成產生影響。例如,新能源汽車產業的快速發展,就得益於政府對環保和永續發展的重視以及相關政策的推動
社會文化的變遷	隨著人們生活方式的改變和社會文化的演進,一些新興產業也可能會成為「風口」,比如,隨著健康意識的提升,健康食品、健身產業等逐漸受到人們的關注

「風口」是一個動態的概念,它隨著市場環境、技術創新、政策導向以及社會文化等多種因素的變化而不斷變化。

成功的創業專案往往受到多種因素（風向）的影響，我們可以簡單概括為時間和空間因素。這兩者共同構成了創業專案的成長土壤，決定了專案能否在激烈的市場競爭中脫穎而出。

1. 時間因素

在創業領域，領先市場半步往往是最理想的狀態。過度領先市場可能會導致上下游生態鏈尚未穩定，上游生產力無法滿足發展需求，而下游消費者也尚未形成穩定的消費觀念，這反而可能阻礙專案的進展。因此，創業者需要精準掌握市場節奏，既不過於超前，也不落後於時代。

2. 空間因素

創業專案的成功還離不開廣闊的市場空間。一個傑出的專案，不僅需要吸引足夠的消費族群來支撐其發展，還需要具備永續的商業模式。這意味著專案的邊際成本應逐漸降低，從而增加利潤，並減輕業務壓力。當市場上出現競爭對手時，一個穩健的專案應能從容應對，保持自身的競爭優勢，避免市場陷入惡性競爭的紅海狀態。

一個成功的創業專案不僅要緊跟產業趨勢，站在風口上，還需在良好的發展環境中逐步成長。透過不斷開發市場、融入市場、拓展市場，專案能夠逐漸壯大，形成自身獨特的品牌，最終成為引領時代的產業翹楚。

03　站上風口，才能一飛沖天

對投資者和企業家來說，敏銳地捕捉並利用好「風口」帶來的機遇，是獲得成功的重要因素之一。

那麼，如何才能精準掌握創業的風口？身為過來人，我給大家幾點建議：

第一，市場洞察與研究。創業者應時刻關注市場動態，透過深入的市場調查和分析，探尋潛在的商業機會。這要求創業者對新興技術、產業發展趨勢以及消費者需求有深刻的理解。

第二，快速回應市場變化。一旦發現新的市場趨勢或商業機遇，創業者需要迅速作出反應。這可能涉及調整業務策略、推出創新產品或服務，以及積極進軍新興市場，以保持競爭優勢。

第三，跨界合作與思維碰撞。創業者可以透過與其他產業的企業進行合作，共同探索並開創全新的商業模式。跨界合作往往能激發出獨特的創新思維，為創業者帶來意想不到的商業機會。

第四，發揮並強化自身優勢。創業者應清楚了解自身的核心競爭力，並將其與新興的商業機會相結合，從而在激烈的市場競爭中脫穎而出。

第五，不斷學習，與時俱進。創業者必須保持持續學習的態度，緊跟產業發展的最新動態。透過不斷掌握新技術和

趨勢，提升自身的專業素養和綜合能力，為抓住下一個風口做好充分準備。

近年來，新能源產業迎來了前所未有的發展機遇。然而，風口之下，真相究竟如何？我們需要理性審視這個領域的機遇與挑戰。

一談到新能源，大家都會馬上想到新能源車，但新能源車其實只是新能源板塊裡的一個賽道。而近幾年，新能源車廝殺，遠比我們想像的更慘烈。

價格戰的持續，讓這個產業面臨利潤率的挑戰。大企業尚有獲利空間，因此價格戰似乎永無止境。根據美國諮詢公司艾睿鉑（AlixPartners）的預測，到2030年，現有的137個電動車品牌中，僅有19個能實現獲利，這意味著80%以上的品牌將面臨淘汰。

在這場價格戰中，傳統豪華汽車品牌如BMW、賓士（Mercedes-Benz）和奧迪（Audi AG）率先退出，因為它們發現犧牲品牌價值也換不回銷售量的成長。而新能源車品牌則不得不繼續價格戰，以搶占市場占有率。這種過度的競爭模式，已經導致一些汽車廠商退出市場。

即便是在這樣的競爭環境下，仍有企業能夠脫穎而出。然而，風口的機遇並非易得。汽車作為重工業產業，其競爭和利潤都與總體經濟和普通人的就業收入息息相關。當汽車

03　站上風口，才能一飛沖天

企業開始追求市場占有率而非利潤時，身處汽車產業的人們，將不可避免地面臨收入考驗。2023年，超過四成的汽車經銷商虧損，這足以說明價格戰的殘酷性。

在新能源產業的風口下，我們需要理性看待機遇與挑戰。一方面，這個領域的確存在巨大的發展機遇；另一方面，我們也必須意識到競爭的激烈性和市場的殘酷性。只有那些具備強大實力、敏銳洞察力和創新精神的企業，才能在這場競爭中脫穎而出，成為真正的贏家。

風口，是市場中的一股熱潮，是時代賦予的機遇，是創業者實現夢想的跳板。對投資人而言，他們深知風口的重要性，因此，在尋找投資專案時，他們會格外關注專案是否處於當前的風口之中。在風口的推動下，專案能夠更容易地獲得市場的關注和認可，從而實現快速成長和擴張。因此，創業者們要時刻保持開放的思維，敏銳捕捉市場的脈動，尋找並抓住屬於自己的風口。而投資人則會在這個過程中，與創業者攜手共進，乘風破浪，共同在風口中書寫成功的篇章，共同創造商業價值。

需要注意的是，對投資者和創業者來說，追逐風口並非盲目跟風，而是需要在理性分析的基礎上，做出明智的決策，找到真正屬於自己的機遇。

不只會飛，更要會順勢

有句名言是：「站在風口上，豬也能飛起來」，可後來也有人說，一旦風過去了，飛起來的豬也會重重摔在地上，甚至摔得更慘！一位知名天使投資人曾公開對創業者提出三個建議：「第一是順勢而為，第二是洞察使用者需求，第三是打造一個強大的團隊。」可見，想要乘上時代的「東風」一飛沖天，首先要順勢而為，這個「勢」，便是與我們生活息息相關的、當下的政策之「風」。

沒有政策支持，所謂的「風口」不過是曇花一現的泡沫。真正處於風口的優質專案，通常都得到政策的扶持，這也是投資者在選擇專案時重要的考量因素。

例如，在新一輪產業變革的背景下，「產業＋金融」的複合型發展模式正迎來前所未有的時代機遇，產融結合正成為引領經濟發展和經濟轉型的新動力。

由於實體經濟的週期性特徵，以及金融機構順週期性執行的特點，在傳統實體與金融分業經營的模式下，金融服務的供需雙方存在著資訊不對稱和市場地位不對等的問題。這導致了企業面臨高昂的風險溢價和成本，難以從金融市場中獲得資金。而「產融結合」是企業打破產業界限、提升經營效率和業績、實現跨越式發展的重要途徑。當產業資本發展到一定階段，追求經營多元化、資本虛擬化成為必然趨勢，這

03　站上風口，才能一飛沖天

也是世界各國產業資本發展的共同規律。透過產融結合，企業更可以配置資源，提升資本營運效率，從而在激烈的市場競爭中脫穎而出。

回到現實，在專案的新創階段，尤其是當專案還在籌備中，沒有實體企業作為支撐，各項手續也尚未完善時，融資的難度可謂非常高。正規的投資機構對每一筆投資都會進行嚴格的審查與評估，對專案的各項數據和資訊，都要求精確無誤。在網路創業的熱潮中，儘管新的創業專案層出不窮，但投資人依然保持審慎的態度，尤其是對剛剛起步的專案，其資料的真實性和可靠性，往往受到質疑。

為了增加專案的吸引力，創業者都渴望能獲得當前國家政策或當地政策的扶持。在當前國家積極推動行動網路經濟發展的背景下，政策的支持無疑為專案的發展提供強大的助力。

那麼，如何才能為自己爭取政策支持呢？

政府既不是慈善家，更不是創業者的「娘家」，沒有義務白白拿錢給你。

政府部門在選擇支持專案時，有明確的標準和期望。因此，創業者需要確立自己的專案與政策的契合點，以及如何利用這些契合點來爭取支持。

如果你的專案剛好符合政策方向，並有機會與政府部門進行溝通，以下是一些建議：

1. 展示創新點

政府部門往往對具有創新性和前瞻性的專案更感興趣。因此,創業者需要清晰地闡述專案的創新之處,以及其對產業和社會可能產生的影響。

2. 建立有效的社群網路

透過與產業內的專家學者、企業家等建立關係,可以為你的專案贏得更多推薦和支持。他們的權威性和影響力,有助於提升專案在政府部門眼中的價值。

3. 抓住展示機會

在各種展示會、論壇等活動中,創業者應積極尋找與政府部門溝通的機會。透過這些場合的展示和交流,不僅可以讓政府部門更直觀地了解專案,還可以為雙方建立更深入的合作關係奠定基礎。

對政府部門而言,其提供的補助資金只是引導資金,真正的目的是搭建一個能夠吸引更多有潛力和實力的企業參與的平臺。而對創業者來說,如何利用這個平臺,充分展示自己的優勢,讓政府部門看到實效和成果,是爭取政策支持,並與之建立長期合作關係的關鍵。

在時代的風口上,每一個懷抱夢想的創業者都懷有成為那隻「飛起來的豬」的壯志。但飛翔不僅需要風的力量,更需要創業者敏銳的洞察力,看看這風究竟是推動前行的順風,

03　站上風口，才能一飛沖天

還是可能讓人偏離航向，甚至倒退的逆風。

　　成功的創業者，他們不僅懂得如何利用時代的潮流，更能在風起雲湧中保持清醒的頭腦，審時度勢，靈活調整策略。他們深諳，真正的飛翔源於對市場的深刻理解、對趨勢的精準掌握，以及不斷創新、勇於突破自我的決心。在順風中加速前行，在逆風時堅忍不拔，甚至巧妙利用逆風鍛鍊羽翼，使自己在每一次挑戰中，變得更加堅強和成熟。

多角度洞察趨勢，不衝動不盲從

時代如潮水，要麼駕馭潮頭，要麼被潮水沖走，沒有第三條路可走。

例如，近幾年很熱門的新零售，已成為引領時代的潮流，企業若不想被淘汰，就必須敏銳捕捉這個時代脈動，並勇於迎接挑戰。

想要深度洞察一個產業，可以從以下兩方面著手分析，詳見圖 3-1 所示。

```
產業集中度與景氣度分析 ──┬── 評估市場容量
                        └── 判斷產業領先地位的可能性

產業分析：稀少、短缺性 ──┬── 食衣住行
     是關鍵              ├── 吃喝玩樂
                        ├── 文體美遊
                        ├── 教養洗寵
                        └── 健味休服
```

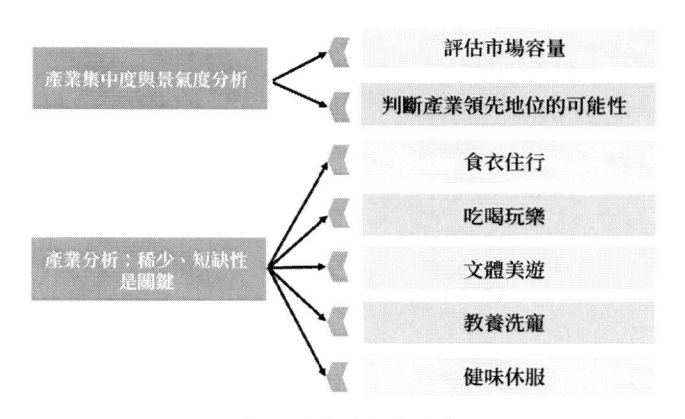

圖 3-1 多角度洞察產業

1. 產業集中度與景氣度分析

對投資者或創業者而言，洞察產業趨勢至關重要。判斷一個專案的潛力，首先要考察其所在產業的集中度和景氣度。只有準確掌握了「勢」，即使專案存在些許瑕疵，也仍有

改進和提升的空間。若產業整體呈現下滑態勢，那麼再多的投資，也難以扭轉局面。

在紛繁複雜的產業變化中，如何做出明智的判斷？身為投資者，我通常會考慮以下兩個核心因素：

(1)評估市場容量

一個專案若在3～5年內能觸及500億元的市場規模，才有可能在產業中脫穎而出。若專案成長緩慢且市場空間有限，那麼其未來的發展潛力也會大打折扣。當然，如果國內市場受限，能夠成功開拓海外市場並塑造強勢品牌，同樣可以顯示出巨大的潛力。

(2)判斷產業領先地位的可能性

我傾向於選擇那些處於朝陽產業或順應經濟趨勢的產業。無論在哪個產業，領軍企業都擁有舉足輕重的影響力，尤其是網路產業，贏家往往能通吃整個市場。因此，我會透過與創業者深入交流、調查國內外市場，來判斷企業在產業中的潛在排名及所需時間。

我更看重專案在產業中的靈活性和調整空間。這樣，一旦未來方向有所調整，企業能夠及時應對，避免在環境發生劇變時陷入絕境。

2. 產業分析：稀少、短缺性是關鍵

在當前的市場環境下，各產業的存量市場並沒有我們想

像的那麼龐大。因此，在投資時，我會特別關注兩點：一是品牌（專案）在產業內的成長速度；二是品牌（專案）在其產業或相關產業中的稀少、短缺性。稀少、短缺性賦予品牌議價能力，使其能以更高的價格出售。以橄欖球為例，與籃球和足球相比，其稀少、短缺性更強，這也為投資者在選擇賽道時提供了一個基本的判斷依據。

今天我們正處於一個大消費產業，這個大消費產業可以概括為二十字方針，涵蓋了人們日常生活中的各個方面。

（1）食衣住行

「食」指的是食品飲料產業，隨著健康意識的提升，有機、天然、功能性食品受到越來越多消費者的青睞。

「衣」代表服裝鞋帽產業，包括各種品牌、風格的服飾，以及相關的配飾市場。

「住」代表的是家居用品產業，包括家具、家紡、廚衛用品等，人們追求更加環保、舒適和多樣化的家居產品。

「行」則與汽車交通、旅遊飯店等相關，隨著生活品質的提升，人們對出遊方式和旅遊體驗的要求也在不斷升高。

（2）吃喝玩樂

「吃」不僅指日常飲食，還包括即食食品、外送、特色餐飲等更加多元化的飲食選擇。

「喝」涉及酒水、茶飲、咖啡等相關飲品市場，健康茶飲

和精釀啤酒等品類成長迅速。

「玩」代表娛樂休閒活動，如電影、遊戲、KTV 等，這些活動已成為人們日常生活的重要組成部分。

「樂」則展現在各種文化娛樂活動中，如音樂節、藝術展覽等，為人們提供精神享受。

(3) 文體美遊

「文」指的是文化教育領域，包括圖書、培訓、線上課程等。

「體」代表體育健身產業，健康意識的提升，使體育用品和健身服務市場蓬勃發展。

「美」代表美容美髮、整形醫美等產業，人們對個人形象的關注度不斷提高。

「遊」則是旅遊產業的簡稱，隨著人們生活品質的提升和旅遊觀念的改變，旅遊業持續繁榮。

(4) 教養洗寵

「教」指的是教育培訓市場，涵蓋從幼兒教育到成人教育的各個階段。

「養」代表養生保健產業，包括健康食品、保健品、養老服務等。

「洗」指的是洗車、洗衣等相關服務產業，隨著生活節奏的加快，這些便捷服務越來越受到人們的歡迎。

「寵」則是與寵物經濟相關的產業，包括寵物食品、用品、醫療等服務，近年來呈現快速成長的趨勢。

(5) 健味休服

「健」代表健康產業，包括健康食品、醫療器械、健康諮詢等。

「味」指的是調味品及相關食品加工產業，隨著人們對美食的追求，這個市場也在不斷擴大。

「休」是休閒娛樂產業的簡稱，如電影院、遊樂園、主題公園等提供的休閒娛樂服務。

「服」則涵蓋了各種服務產業，如家事服務、親子護理、美容美髮等，這些產業為人們提供了便捷的生活服務。

選擇創業風口專案是一個涉及多方面的考量過程，需要仔細分析市場需求、產業競爭態勢、技術演進趨勢及政策環境等諸多因素（詳見表 3-2）。

表 3-2 多角度洞察「風口」

多角度洞察「風口」	
洞察產業動向	密切關注當前市場和產業的發展動態，特別要留意新興領域和技術革新，以便及時捕捉未來的市場機遇和商業成長點。您可以透過閱讀權威的產業分析報告、參與專業研討會或論壇，以及與業內專家進行交流來獲取資訊

多角度洞察「風口」	
深挖市場需求	透過深入的市場研究來了解消費者的核心需求和未被滿足的期望，尋找市場中的空白點和可以實施差異化競爭的機會。利用市場調查、使用者訪談和大數據分析等方式，可以幫助您更準確地掌握市場需求，並發現潛在的創業切入點
技術可行性分析	在選定專案之前，務必評估相關技術的成熟度和實用性，以及技術對專案發展的推動作用。同時，要考量到技術的更新速度和您的團隊是否有足夠的技術資源和人才來支持專案的持續發展
審視政策環境	了解國家政策和相關法規對創業項目可能產生的影響，判斷是否有政策支持或限制，並確保專案的合規性。同時，要關注國際政治經濟情勢的變化，以便及時調整專案策略來應對潛在的外部風險
分析競爭格局	深入研究競爭對手的優勢和劣勢，評估您的專案在市場中的競爭力和獨特賣點。同時，要警惕產業內的領先企業，分析他們的策略動向，以便為您的專案找到合適的定位和發展空間
強化團隊建設	一個傑出的團隊是創業成功的關鍵。在選擇創業專案時，要評估您的團隊是否具備實現專案目標所需的專業技能和經驗。同時，要評估如何吸引並留住頂尖人才，以確保專案的長遠發展

選擇創業風口專案需要全面考量市場需求、競爭態勢、技術發展以及政策環境等多個面向。透過深入的市場分析和專案評估，我們更可以找到那些具有巨大潛力的創業機會，從而增加創業成功的可能性。

紅海拚效率，藍海拚洞察

2024 年，隨著全球經濟增速放緩和經濟格局的分化，各行各業都面臨前所未有的挑戰。然而，這也為新興技術和消費趨勢提供了改變傳統企業營運模式的契機。

回望過去二十多年，從電商的崛起、網路的普及，到短影音的流行和人工智慧的迅速發展，每一次技術革新都孕育了無數的創業英雄，並深刻改變了普通人的命運。那麼，在未來的五年裡，我們該如何敏銳捕捉，並抓住這些機遇呢？

在這個日新月異的時代，洞察產業發展趨勢成為成功的關鍵。歷史上無數成功者的共同之處，在於他們敏銳地抓住時代的機遇，從而實現人生的逆襲。

我們一再強調，風口是動態的、變化的，我的建議是以 3～5 年為週期去分析和洞察，再隨時做動態調整。以下我們對未來幾年的熱門產業做一個簡要分析，供創業者參考。

1. 老年經濟：銀髮市場的無限商機

隨著人口高齡化趨勢的加劇，老年經濟正逐漸嶄露頭角，展現出巨大的市場潛力。面對如此龐大的潛在市場，如何精準創造並滿足老年群體的多元化需求，將成為推動老年經濟發展的關鍵。

從現有的市場來看，養老院、長照服務、居家保母等服

務模式已經開始起步,但整體市場尚處於初級階段,規模有待進一步擴大。這為有遠見的創業者提供了難得的入局機會,未來十年內,有望成為產業的佼佼者。當然,需要注意的是,部分特殊產業可能需要特定的經營許可。

除了上述服務領域外,老年健康、老年關愛和老年旅遊等領域也展現出良好的發展前景。隨著高齡社會的加速到來,養老產業將逐漸成為新的市場焦點,涵蓋養老院、居家養老、養老地產及老年用品等多個領域。

2. 數位經濟:數據驅動的未來風口

數位經濟是以數位技術為核心的經濟形態,包括網購、行動支付、大數據分析等應用領域。儘管這個領域已經發展相當長一段時間,但近年來又呈現新的發展趨勢和商機。

3. 內容經濟:創意的無限可能

內容經濟,這個以內容為核心的經濟模式,早已悄然興起,且其趨勢強勁,長期看好。從文字到圖文,從影片到音訊,甚至是虛擬世界的元宇宙內容,都屬於這個充滿活力的領域。

在這一波內容經濟的浪潮中,作家、畫家、動畫設計師、短影音創作者和編導等成為熱門職業。然而,隨著網路的蓬勃發展,內容同質化與抄襲現象也日益嚴重。因此,未來優質、原創的內容將越發顯得珍貴。

值得一提的是，自媒體產業作為內容經濟的一個重要分支，正藉助於網路的普及和傳播技術的進步而蓬勃發展。個人和機構現在能夠以更低的成本進入傳播領域，而不斷成長的資訊消費需求，也為自媒體產業帶來巨大的市場空間。

4. 單身經濟：「一個人」的巨大商機

單身經濟，這個被戲稱為「一人經濟」的新興領域，正逐漸顯露出其巨大的市場潛力。與一人生活各方面相關的產品和服務，都成為單身經濟的範疇。

研究顯示，現代單身人群對生活品質有非常高的追求，且具備較強的消費能力。這為市場提供了豐富的商機，如紅娘服務、婚友社、單身公寓、單人套餐、單人份餐飲及單人旅行等。

近年來，外送平臺上「小份食品」的興起，正是單身經濟趨勢的一個縮影。

同時，開設婚友社也成為值得關注的創業方向。這個產業除了初期的固定成本投入和資訊蒐集釋出外，後續的邊際成本幾乎為零。而相應的客單價卻可能高達幾千甚至幾萬，利潤空間很大，有望在未來的市場競爭中占據一席之地。

5. AI 經濟與元宇宙：新時代的科技浪潮

人工智慧（AI）技術正深刻改變我們的生活方式和工作模式。從自動駕駛到智慧家居，從金融分析到醫療健康，AI 的

03　站上風口，才能一飛沖天

應用領域日益廣泛，展現出巨大的發展潛力。AI 產業之所以能成為風口，不僅因其高技術門檻，建構產業競爭壁壘，更因 AI 技術在各行各業的深度融合與創新應用，為市場成長開闢了新的空間。

說到人工智慧，就不得不提到近兩年較為熱門的元宇宙，這個融合了虛擬實境與現實世界的新型社會生態，正逐漸成為科技發展的新焦點。在元宇宙中，人們可以享受沉浸式的虛擬社交、遊戲體驗，參與創新的電商活動，甚至接受全新的教育模式。元宇宙之所以成為風口，是因為它提供了一種前所未有的生活方式和互動體驗。同時，全球科技大廠的積極布局和投資，也為元宇宙的快速發展注入強大動力。

面對 AI 經濟，我們應積極關注產業鏈的發展動態，學習並掌握相關技術。對有條件的創業者來說，深入這些領域進行創新創業，可能是一個不錯的選擇。

在產業洞察與升級的過程中，我們不僅需要敏銳的洞察力和前瞻性的策略眼光，更需要冷靜的判斷和系統化的決策。風口雖好，但並非人人都能駕馭。掌握風口，不是盲目跟風，更不是蠻幹。我們要在充分了解產業趨勢的基礎上，掌握風口，結合自身的實際情況，制定出切實可行的發展策略。

即使是好案子，也可能走入死胡同

近年來，所謂的「風口專案」層出不窮，每一個都似乎蘊含著無限的商機與前景。然而，即便站在風口上，也並非所有專案都能一帆風順地飛翔。很多創業者常常沉迷於策略理論與行銷定位的探討，卻忽視了專案實行的關鍵性。

策略雖好，若無法轉化為實際的行動力，再美好的藍圖也只是空中樓閣。

專案的真正價值，不僅在於其創新性和市場前景，更在於能否從理論走向實踐，從策劃轉化為成果。一個看似完美的專案，如果不能在現實中穩健實行，那麼它在投資人眼中或許一文不值。

創業者們在捕捉風口的同時，更要有將專案實行的智慧和能力。

在投資決策前，投資人總會深入剖析專案的可行性，即專案實行性。這個分析對預測投資報酬至關重要。但面對創業者的專案提案，投資人常會心生疑慮：這個專案真的如描述那般具有潛力嗎？它能否從計畫變為現實？

1. 專案發展的多種可能性

在評估投資專案時，我曾遇過一個例子：

一家企業為了即時掌握各地分支的營運情況和問題解決

能力，斥巨資從海外引進了一套先進的自動化業務系統，並聘請外籍專家為員工進行系統操作及故障排除培訓。然而，投入系統使用後，回饋卻並不理想。員工們抱怨系統操作不便，原本期待減輕工作負擔，卻變成了額外的壓力。最終，這套系統被棄之不用，員工重回舊的工作模式。

專案的發展往往有以下幾種走向：

◆ 順利完成，贏得客戶（或投資人）滿意，且預算和時間控制得當，圓滿結束；
◆ 雖然完成並獲得客戶認可，但超出預定的成本和時間框架；
◆ 專案完成，但因未達到客戶期望而被拒絕驗收；
◆ 進度嚴重落後，成本超支，專案被迫中止。

專案的成功不僅取決於完美的計畫和先進的技術，更在於其實施過程中的可行性和使用者的實際接受度。缺乏這些要素，再宏偉的專案也難以實行，最終只會成為一場空談。

2. 好專案為何無法實行？

儘管在專案啟動前已經制定了詳盡的計畫，且執行過程中始終以此為導向，但實作中常常會遇到計畫以外的挑戰和風險。這種情況類似於一艘小船在洶湧的海浪中航行，隨時可能遭遇翻船的危險。許多專案依賴專案經理的不懈努力，歷經重重困難才得以完成。然而，這種超時、超預算的專

案，即便最終完成，也往往只是以「高額成本」換取微不足道的利益，實際收益寥寥無幾。更多的專案則因無法應對發展過程中的突發事件而中途夭折。

專案難以實現的原因，主要有以下幾點：

◆ 專案規劃時未與公司策略相結合，導致專案完成後無法有效支持公司的整體目標。
◆ 客戶需求的變化導致專案計畫大幅調整，最終成果難以達到預期效果。
◆ 外部環境的改變，使原計畫的專案產出不再適用。
◆ 在專案規劃階段未能充分理解客戶需求，導致客戶對最終成果不滿意。

那麼，什麼樣的專案才更容易成功實行呢？我們可以從以下三個指標來評估專案的可實施性：

◆ 採用速度：專案完成後，人們從開始使用專案成果到全面應用所需的最短時間。
◆ 最終利用率：專案成果被多少人廣泛使用。
◆ 使用者熟練度：專案成果是否真正提升工作效率。

透過這三個指標，我們可以更全面地了解專案的可實施性和潛在影響，從而做出更明智的決策。經過我們深入研究，發現專案成功實行的關鍵因素包括：

- 專案發起人聯盟的目標明確且積極行動；
- 有專業的團隊全身心投入專案實行工作；
- 採納完善的、結構化的變革管理方法；
- 迅速提升員工參與專案計畫的積極度；
- 積極與客戶保持溝通，使其儘早了解專案的價值；
- 成功整合變革管理和專案管理的流程；
- 各部門管理者之間的緊密配合與支持。

此外，我們必須確立什麼是真正的專案實行。有些專案方可能會將專案成果與網路結合，並大肆宣傳所謂的「成功實行」，但這僅僅是表面的包裝和宣傳，與真正的專案實行相去甚遠。專案的實行，不僅僅是改變其外在形式或進行簡單的升級，更重要的是實現其商業價值和服務客戶的能力。

一個好的專案，其成果應能被有效利用，並為客戶帶來實際價值。例如，有些專案可能會採用類似傳銷的模式，但其核心並不是銷售產品，而是透過拉人頭來獲利，這並不符合專案實行的真正含義。一個真正實行的專案，其產品或服務應能切實滿足客戶需求，並促使客戶願意為之付費。

一個成功的實行專案，不僅能吸引更多客戶，還能激勵使用者更頻繁地使用專案成果，從而提高其活躍度，並促進消費。這樣的專案既是一種有效的行銷工具，又能為專案方帶來穩定的利潤。但值得注意的是，如果獲利模式無法實

現,那麼該專案也不能被視為真正實行的專案。

在充滿熱情和動力的同時,我們必須保持理性和警惕,避免走入「瘋狂、拐騙」的失誤。好專案需要穩健的推進策略、務實的市場分析和合理的管理方法。只有這樣,我們才能確保專案不會誤入歧途,不會走進死胡同。每一個成功的專案背後,都是團隊成員們冷靜的判斷、扎實的執行和不懈的堅持。其實,無論是創業還是做投資,都是以智慧和汗水澆灌出專案的美好未來,而不是讓一時的熱情和虛假的宣傳,毀了一個原本有潛力的專案。

03　站上風口，才能一飛沖天

04　現金為王：
投資人最關心的穩定基礎

在眾多專案中，我們不難發現，許多前景看好的專案最終虎頭蛇尾，往往並非因業務本身的問題，而是由於資金鏈的斷裂。這就好比一個健康的人突然失血過多，即便身體再強壯，也難以維持生命。因此，穩定的現金流對專案來說，就如同血液對人體一樣至關重要，它是增強專案發展後勁的關鍵。

在追求企業成長的過程中，我們必須警惕「生存陷阱」──那種盲目擴張、忽視現金流管理的做法。為了避免這個陷阱，企業應堅持「利潤優先」的原則，對不可見的潛在風險保持警惕，不為眼前的短期利益所動搖。

為了實現這個目標，建立一套完善的現金管理系統至關重要。這套系統不僅能幫助我們即時監控企業的現金流狀況，還能提供決策支持，確保企業在任何經濟環境下都能保持穩健的營運。透過掌握這個命脈，我們將能夠引領企業在複雜多變的商業環境中穩步前行，實現永續的成長。

賺錢≠穩健，現金流才是生存關鍵

在商業世界中，存在一個普遍的誤解：企業規模越大，就意味著越成功、越強大。然而，現實卻告訴我們，「大」並不等同於「強」。為什麼我們總是傾向於認為，只有實現超常成長的企業才算成功呢？難道更多的營收就真的意味著企業更成功嗎？

許多企業主寄希望於透過不斷成長來解決問題，他們期待下一筆大訂單、大客戶或大投資能為企業帶來轉機。但這種做法往往只是將企業推向一個更加龐大的規模，而並未真正增強其內在實力。實際上，隨著企業規模的擴大，管理和營運的困難也會隨之增加。

現金流是企業營運的血液，是抵禦風險、應對挑戰的關鍵。一些網路企業之所以能夠憑藉龐大的現金流獲得可觀的利息收入，正是因為它們深諳現金流管理之道。

那麼，這些企業的資金究竟從何而來呢？是高利潤帶來的累積，還是依靠其他不為人知的營利方式？在商業世界中，財富和公司實力究竟哪一個是企業的真正象徵？這些問題值得我們深思。

擁有充足現金流的企業往往具有更強的抗風險能力。它們能夠在經濟波動中保持穩健的營運，即使面臨募資困難或短期貸款壓力，也能從容應對。這類企業通常具備適中的負債比和良好的資金流動性，使它們在商業競爭中占據有利地位。

面對現實：創業經營的真相

在追逐夢想的路上，每個創業者都要面對種種殘酷的現實。其中，企業的現金流狀況，往往成為決定企業生死存亡的關鍵因素。投資人審視一個專案時，企業的現金流是他們最為關注的指標之一。因此，對創業者而言，了解並最佳化企業的現金流管理，就顯得尤為重要。

不知道大家有沒有一種感覺，疫情後，許多個體和企業都經歷了沒有收入、只有支出的經濟困境，這種壓力讓人們開始重新審視自己的財務管理方式。

以前那種「月光」的消費觀念，逐漸讓位給更加謹慎的財務規劃。

對一些中小微企業來說，它們面臨的現金流問題更為嚴峻。一方面，應收帳款難以收回，而人員薪資和供應商的貨款卻需要按時支付。尤其是一些小型供應商，他們更看重資金的快速回籠，因此對企業來說，現金流的管理變得尤為重要。

在這樣的市場環境下，企業如何保持穩定的現金流成為關鍵。股東投入或產品銷售收入是企業現金的主要來源，但顯然不能依賴股東持續投入。因此，企業需要透過內部銷售周轉和資金流動來產生現金。

當企業出現現金流短缺時，這不僅是一個財務問題，更是一個深層次的經營風險預警。管理階層必須高度重視，及

時採取應對措施,以確保企業的穩健營運。

投資大師查理・蒙格(Charlie Munger)曾深刻指出:「如果我能預知自己的終點,我將竭力避免走向那裡。」企業與人的生命週期有諸多相似之處,都不可避免地面臨終結,但這個過程的長短和品質卻大相逕庭。企業的興衰存亡,往往受到多種內外因素的影響。無數企業失敗的案例顯示,自以為是、內部消耗和決策失誤等人為因素,是導致企業早夭的罪魁禍首。

為了延長企業的生命週期,我們首先需要深入了解企業的經營現狀以及可能面臨的致命風險。許多企業對自身所處的狀況缺乏清楚的認知,這往往導致它們無法採取有效的應對策略。

以下是許多企業可能面臨的四大現狀,需要引起高度關注,詳見圖 4-1:

現金流背後的重重問題
- 繁忙而無利
- 有利而無現
- 投入大而產出小
- 個人企業難分離

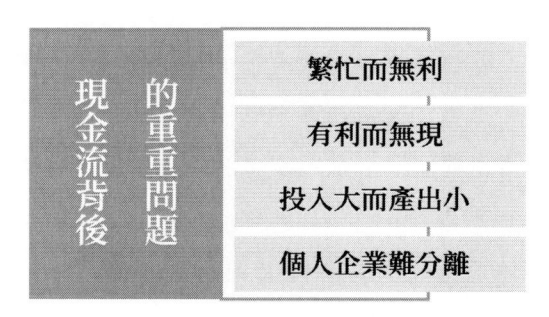

圖 4-1 現金流背後隱藏的企業問題

現狀一:繁忙而無利

企業表面業務繁忙(如訂單激增、營收成長),但實際利潤微薄甚至虧損,現金流持續惡化。本質是虛假繁

榮——擴張未能轉化為有效收益，反而因成本失控、資金占用（如賒銷、庫存積壓）陷入「越忙越虧」的惡性循環。

現狀二：有利而無現

即使企業報表上顯示獲利，但如果現金流吃緊，那這些利潤也只是紙上富貴。創業過程中，從員工薪酬到營運成本，每一處都需要真金白銀的投入。因此，保持健康的現金流至關重要。

現狀三：投入大而產出小

當企業發展到一定階段，可能會面臨巨大的投資壓力。如果投資報酬率低於資金成本，甚至無法覆蓋基本的營運費用，那企業就可能陷入困境。在這種情況下，企業需要審慎評估投資專案，並尋求更有效的資金利用方式。

現狀四：個人企業難分離

儘管創業者與企業緊密相連，但若企業過度依賴個人，離開創業者便難以為繼，此等緊密關係或將制約企業發展與靈活性。建構系統化管理體系及提升團隊能力，是企業持續發展的關鍵。

各位創業者不妨自檢一下，如果你的企業現狀與上述幾點不謀而合，那若不積極採取變革，企業的未來發展恐怕不樂觀。即便目前經營狀況看似良好，但缺乏持續性和穩健性的企業，很難實現長遠發展。若企業一味追求規模擴張而忽

04 現金為王：投資人最關心的穩定基礎

視內部管理和風險控制，那麼規模越大，潛在的風險也會越高。因此，企業必須正視現狀。為了應對現金流的挑戰，企業可以採取多種策略。實際上，企業的財務管理是一個複雜的體系，我在此不展開說明。術業有專攻，大家可以請專業人士，根據企業的具體情況，建立適合企業發展的系統。除此之外，我個人的幾點建議是：

首先，精確核算產品成本並計算出利潤，以此為基礎，設定一個可接受的低價，並透過現金折扣的方式促進現金交易，從而增加企業的現金流。

其次，與下游供應商協商長期供應合約，採用月結或季度結算的方式，以便與產品的生產和銷售週期相匹配，從而節省出部分現金。

此外，企業財務人員需積極學習金融知識，了解並利用金融工具，如承兌等，以最佳化收款方式，並加速資金回籠。

現金流是企業營運的生命線，也是衡量企業經營效率和風險管理能力的重要指標。在尋求投資或進行業務合作時，一個健康的現金流狀況，能夠增強投資人的信心，提高企業在資本市場上的競爭力。因此，企業應將現金流短缺視為重要的風險預警訊號，並採取相應的管理措施來應對。而創業者更應當時刻關注企業的現金流動態，合理規劃資金使用，最佳化資產和負債結構，以降低財務風險，提高獲利能力，實現企業的長遠發展，贏得投資人的信任和市場的認可。

決定現金流的內外因子

在創業領域，存在一個普遍的現象：許多企業要麼難以擴大規模，要麼在擴張過程中迅速衰敗。究竟是什麼原因導致這樣的局面呢？

基於過去十年的創業經歷和對眾多企業的深入研究，我發現問題的核心在於創業者對財務管理的理解與實踐存在不足。儘管創業成功的因素眾多，但歸根究柢，財務認知的缺失，是導致企業難以擴大或擴張後易敗的重要原因。

企業和人的生存之道有共通之處，即都需要足夠的資源來維持和發展。對企業而言，資金就是其生存和發展的血液。然而，許多創業者在追求理想的同時，忽視了資金的重要性。他們可能有堅定的意志和遠大的夢想，但如果沒有足夠的資金支持，這些夢想很難變為現實。

具體來說，導致企業陷入困境的原因，可以歸結為以下幾點：

1. 企業缺乏全方位的財務制度

完善的財務制度能夠確保資金的合理使用和有效監控，從而維持企業的穩健營運。然而，許多企業在財務管理方面存在漏洞，導致資金流轉混亂，嚴重影響企業的發展。

2. 創業者缺乏風險意識

在創業過程中,風險是無處不在的。然而,一些創業者對潛在的風險缺乏預見和應對能力,當風險降臨時,往往措手不及,導致企業陷入困境。

3. 創業者缺乏數據思維,決策過於依賴直覺和經驗

在現代商業環境中,數據是決策的重要依據。然而,許多創業者在決策時忽視了數據的作用,導致決策失誤和資金浪費。

列夫‧托爾斯泰(Lev Tolstoy)曾說過:「快樂的家庭總是相似,不幸的家庭各有各的不幸。」然而,在創業領域,情況卻恰恰相反。成功的企業各有各的特色,但陷入困境的企業卻常常因相似的原因而失敗。

成功往往是特定環境、條件和時機的綜合結果,難以複製。然而,失敗卻往往源於一些常見的、可預防的錯誤。對創業者來說,資金問題或許並非最大的難題,真正的挑戰在於如何避免那些可能導致企業陷入困境的常見錯誤。

如果我們能夠提前辨識並了解這些可能導致企業陷入困境的原因,那麼就更有可能預防並避免這些問題。這就像我們在過馬路時會格外小心,因為知道無視交通規則可能會導致嚴重的後果。同樣地,了解並避免這些常見的創業陷阱,可以幫助我們降低創業失敗的風險。

以下是六個可能導致企業陷入困境的常見原因,它們涵

蓋了大多數創業失敗的情況，詳見圖4-2。透過分享這些實實在在的教訓，我們希望能幫助大家更容易理解為什麼有些看似發展良好的企業，最終會陷入困境。

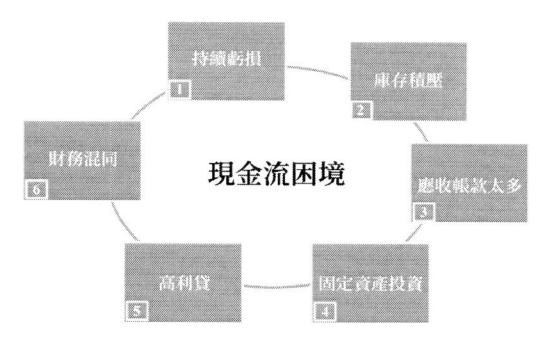

圖4-2 影響企業現金流的6個因素

（現金流困境：1.持續虧損、2.庫存積壓、3.應收帳款太多、4.固定資產投資、5.高利貸、6.財務混同）

1. 持續虧損

當企業持續虧損，不斷消耗資金而無有效的報酬時，這就像一個不斷加重的負擔，逐漸壓垮企業的現金流。持續虧損不僅是創業失敗的一個明顯特徵，更是導致許多新創企業難以維持營運的常見原因。

然而，重要的是要明白，虧損本身只是問題的表象，而非根本原因。虧損的背後可能隱藏著多種因素，如策略失誤、管理不當、市場環境變化等。創業者需要深入分析虧損的具體原因，才能找到有效的解決方案。

持續虧損會導致現金流逐漸枯竭，這是企業陷入困境的致命傷。沒有足夠的現金流，企業就難以支付日常營運費用、員

工薪資和供應商款項等,進而影響到企業的正常運作和信譽。

因此,創業者需要密切關注企業的財務狀況,尤其是現金流情況。一旦發現虧損跡象,就應立即採取行動,調整策略、改善營運、降低成本等,以確保企業的穩健發展。同時,也要不斷學習和總結經驗,避免再次陷入類似的困境。

2. 庫存積壓

庫存積壓是企業經營中常見的問題,它相當於將企業的資金以貨物的形式固化下來。當貨物無法及時銷售,資金無法回流,就會導致現金流受阻,進而影響企業的正常營運。

以某建商為例,其資產規模龐大,但高負債也使其面臨巨大的經營壓力。為了維持現金流的穩定,建商不得不採取打折銷售房產的方式,將存貨迅速變現,以緩解資金壓力。這充分說明了庫存積壓對企業現金流的負面影響。

科技大廠蘋果也曾因庫存積壓而陷入困境。1993 年,蘋果的筆記型電腦產品 PowerBook 因庫存積壓而遭受巨大損失,這個事件對蘋果產生了深遠的影響,使其在後續的產品生產中更加謹慎。然而,過度謹慎又導致其另一款產品 PowerMacs 的量產不足,再次為蘋果帶來損失。

庫存積壓不僅會影響企業的現金流,還可能引發一系列連鎖反應,如供應鏈問題、產品品質問題等。近年來,庫存積壓始終是企業經營的一大難題。企業需要密切關注市場動

態,加強供應鏈管理,改善庫存結構,以確保現金流的穩定和企業的持續健康發展。

3. 應收帳款太多

應收帳款是指企業已經提供了商品或服務,但尚未收到對方支付的款項。簡單來說,就是企業已經交付貨物或提供服務,但資金尚未回籠。這種情況在企業經營中並不罕見,然而,當應收帳款過多時,就會對企業的現金流構成嚴重威脅。應收帳款的增加,意味著企業的資金被占用,無法及時回流到企業,這就會導致現金流吃緊,甚至可能引發資金鏈斷裂的風險。

此外,應收帳款還存在呆帳的風險。一旦對方出現經營困難或破產,這些應收帳款就可能變成無法收回的呆帳,從而為企業帶來巨大的損失。

因此,企業在經營過程中應高度重視應收帳款的管理,並透過加強信用管理和貨款回收等措施,降低應收帳款的風險,確保現金流的穩定和健康。一方面,要建立完善的信用管理制度,對客戶進行信用評估,避免與信用不佳的客戶合作。另一方面,要加強與客戶的溝通,確保貨款能夠及時收回,降低呆帳風險。

4. 固定資產投資

過度的固定資產投資,即將大量現金轉化為廠房、設備等長期資產,可能會為企業帶來嚴重的現金流問題。以下以

兩間乳製品集團為例，對比說明。

A集團曾經從摩根士丹利（Morgan Stanley）融資了五億，這些資金全部被策略性地投入到市場拓展中，而A集團的生產線則是透過租賃方式獲得。這種模式的靈活性，使A集團能夠根據市場需求的變化，快速調整生產規模，生意好時增加租賃，市場不景氣時則減少或退租，從而有效保護企業的現金流。

相反，B集團在獲得相同數額的融資後，選擇建設一個工業園區。這種重資產的投資方式，使資金被長期鎖定，難以迅速變現，以應對市場變化。當市場出現不利情況時，B集團的現金流受到嚴重考驗，最終讓企業陷入困境。

5. 高利貸

有些企業領導者可能會選擇透過貸款等方式來推動企業發展。這種方式帶有顯著的風險。當然，這並不是說企業完全不能借貸，特別是在企業面臨關鍵時刻，適度的借貸可能是必要的。但重要的是，企業首先必須準確評估自身的經營狀況和未來獲利能力。

在考慮借貸時，企業必須深思：這樣的負債是否可承受？在借貸後，企業是否還能保持穩定的獲利？此外，我們需要明確區分借貸與融資的不同。即使是產業大廠，如果選擇借貸而非融資來獲取數百億資金，那每年可能需要支付的利息

就超過五十億。在這樣的情況下,企業如何實現獲利?又如何順利上市?

企業在斟酌資金籌措方式時,必須謹慎權衡借貸與融資的利弊,確保企業的現金流穩定,以保障企業的長期穩健發展。

6. 財務混同

在進行銀行貸款或商業融資時,企業需要提供財務報表以證明其財務狀況。

然而,有些企業或個人可能會嘗試在財務上進行不正當操作,以獲取更多融資。這種做法在短期內可能看似有效,但如果無法按時還款,就可能會涉及詐欺,進而面臨法律責任。

為了保持企業的健康發展和現金流的穩定,財務的透明度和規範性至關重要。企業應堅持誠實守信的原則,真實反映自身的財務狀況,這樣不僅有助於建立與金融機構的長期信任關係,還能為企業贏得更多商業機會。

企業在經營過程中應時刻保持對現金流的密切關注,避免採取那些可能導致現金流吃緊或斷裂的冒險行為。儘管這些行為可能在短期內為企業帶來某些利益,但從長遠來看,它們都可能成為威脅企業生存和發展的隱患。一家永續經營且被信任的企業,不僅需要對內規範自身營運,還需對外展示真實、穩健的財務狀況。

看懂你的財務，讓投資人安心

李嘉誠曾言：「行事之前應先預想失敗。」這個理念與《孫子兵法》中的智慧不謀而合：「不盡知用兵之害者，則不能盡知用兵之利。」的確，商業世界，總是風險與機遇並存。若不明瞭經營中潛在的風險，又怎能全然掌握其中的利益呢？

經營企業的道路充滿挑戰，甚至較之戰場上的勝算更為渺茫。戰場上敵我分明，勝敗立見；而在商業競爭中，對手往往難以預料，危機四伏，隨時可能爆發。

人們往往更傾向於追求利益，而忽視風險。這源於人性中的僥倖心理，總認為最壞的情況不會發生在自己身上。但現實是殘酷的，一旦失敗，可能再無翻盤的機會。

因此，在商業競爭中，生存是首要任務。而企業的生存之本，便是穩健的現金流。無論是哪個產業，企業都始於資本投入，經過一系列營運流程，最終實現獲利。這個過程中，現金流如同企業的生命線，貫穿始終。

擁有百年歷史的企業，依然保持如同 18 歲心臟的活力——這是每位企業家夢寐以求的願景。一個企業的「心臟」，就是其財務健康狀況，決定企業是否能夠長久且充滿活力地運轉。

要實現企業的百年長青並非易事，維持企業始終充滿活力更是難上加難。在這漫長的發展歷程中，企業需不斷突破

挑戰，克服重重難關。正如人體需要一顆強健有力的心臟來確保血液的順暢流動，企業在任何時候都必須重視和維護其財務健康。

一些知名地產上市集團，在保持大規模營運的同時，資產負債率卻維持在較低的20%左右，現金比例占總資產5%～15%。這種穩健的財務狀況，使它們能夠在市場波動中保持穩健。相比之下，其他地產上市公司的負債率高達100%～300%，且現金流管理存在諸多問題。可見，一個健康的財務狀況，不僅能幫助企業在困境中站穩腳跟，更是其實現長久發展的關鍵因素。

每個企業都希望能在百年之後仍保持強健的「心臟」——穩健的財務狀況。

在這個比喻中，財務是企業的心臟，資金則是流動的血液，共同維持企業的生命力。

在眾多影響企業生存和發展的因素中，財務健康無疑占據首要位置。從全球視角來看，那些歷經百年的企業，其長壽祕訣往往與健全的財務體系和精細的財務管理密不可分。相反，許多中途夭折的企業，常常是因為資金鏈斷裂，且無法繼續獲得融資支持，最終走向衰敗。因此，隨著企業逐步參與國際競爭，並將打造「百年老店」作為自己的發展目標，提升融資能力、完善財務控制，以及降低財務風險，就顯得尤為重要。

04 現金為王：投資人最關心的穩定基礎

在與多位不同產業的企業家朋友交流中，我發現他們普遍面臨兩大創業難題：一是業務拓展的挑戰，二是財務管理的複雜性。令人遺憾的是，不少企業並非敗在產品或市場競爭上，而是陷入了財務管理的困境。特別是對新創企業的領導者來說，由於缺乏對財務報表的深入理解，他們往往難以從宏觀角度掌握企業財務狀況，進而在危機面前顯得束手無策。

在受邀為多家企業進行財務診斷的過程中，我總結出三個關鍵點，用於檢驗企業財務的健康狀況。這三個標準簡潔而實用，可供企業家自查參考（詳見表 4-1）。

表 4-1 檢驗企業財務是否健康的三個標準

你的企業財務狀況是健康的嗎？	
看現金流	有沒有錢，錢從哪裡來
看獲利	賺不賺錢，靠什麼賺錢
看老闆	有沒有意識，有沒有能力

透過這三點，我們投資人基本上就能看出企業在財務方面存在的問題。不少管理者雖然明白財務管理的重要性，但在實際工作中，卻往往未能給予足夠的重視，這種情況在中小企業尤為常見。這些企業的管理者通常將行銷視為重中之重，認為只要業務繁榮，資金就會源源不斷地流入，從而推動企業持續擴張。

市場是企業賴以生存的基礎，而管理則是提升企業競爭力的關鍵。然而，如果忽視財務管理，企業遲早會遭遇重重

危機。例如，有些企業在開展專案時從不進行預算規劃，一開始帳面資金充裕便揮霍無度，導致資金流向混亂無序。

當資金吃緊時，有些企業甚至無法準確追蹤資金鏈斷裂的具體環節。此外，還有些企業存在公私不分、資金利用效率低下等問題，更有甚者，遊走於稅法的邊緣，試圖透過不正當手段謀取利益，如做低利潤、簽訂陰陽合約、偽造單據以及買賣發票等。

這些行為都釋放出危險的訊號。只有在安穩時期就考量到可能出現的危機，才能有效避免資金鏈斷裂所帶來的劇痛，減少企業損耗，確保企業能夠輕裝上陣、快速發展。

當然，疫情、戰爭等自然災害和外部因素是我們無法控制的。當這些不可抗力發生時，所有企業和個人都必須面對並共同應對。然而，我們能夠將注意力集中在可控的、根本性的問題上，這才是致力於打造百年企業的立足點和施力點。

冰凍三尺非一日之寒，成功也並非一蹴而就。無論是投資人還是創業者，我們都應該避免「暴飲暴食」式的冒進和「過度節食」般的保守，只有堅持「合理膳食」的原則，才能有效保障身體和心臟的健康。即使我們無法活到百歲高齡，但至少可以努力追求健康和長壽！

利潤優先，不讓數字欺騙你

企業家們為何總是熱衷於不斷追求成長？這背後其實有一個普遍的假設：所有的收入最終都會轉化為利潤。我們必須認知到一個事實：利潤並不會隨時間自然產生。它不是年底的總結，不是五年計畫結束時的獎勵，也不是某一天會突然降臨的驚喜。利潤不是可以等待的東西，它不是未來的某個事件，而是現在就需要關注和實現的目標。

利潤需要貫穿公司的每一天、每一筆交易、每一個時刻。它不僅僅是一個結果，更是一種日常的習慣和追求。我們的任務應該是盡最大努力提高利潤，無論公司當前規模如何。當我們把焦點放在利潤上時，自然會發現簡化業務和發展新方法的機會。

為了實現健康、永續的發展，我們需要重新審視獲利模式。我們應該採取「利潤優先」的策略，即先確保利潤，再考慮成長。這意味著我們需要辨識並專注於那些能賺錢的項目，同時果斷放棄那些無法獲利的部分。當我們過於關注成長時，可能會不惜一切代價去追求它，甚至犧牲自己的生活品質。而當我們把利潤放在首位時，就會發現持續獲利的方法，並確保獲利能力、穩定性和理性始終掌握在我們自己的手中。

長久以來，大部分企業都採用傳統的會計方法來記錄收入和支出，即：

$$營業收入 - 成本費用 = 利潤$$

從表面上看，這個公式在邏輯上無懈可擊，它鼓勵我們增加銷售、減少消費，從而獲取更多利潤。然而，這種方法是否真的符合自然行為和企業發展的實際需求呢？

傳統會計方法（GAAP）的核心問題在於它過於強調銷售和成本，而忽視了對利潤的關注。這導致我們陷入一個失誤：認為只要不斷提升營業額，利潤就會隨之而來。然而，現實情況往往並非如此。在追逐銷售成長的過程中，我們可能不自覺增加不必要的開支，甚至忽視投資和成本之間的關係。我們往往把精力集中在如何提高營業額和減少成本上，卻忘記了最終的目標是賺取利潤。

這種對利潤的忽視，可能導致我們在經營過程中做出錯誤的決策。

為了打破這個惡性循環，我們需要採用一種新的視角來看待企業經營——「利潤優先」。這種方法強調先關注利潤，再考慮銷售和成本。它鼓勵我們尋找能夠以更少支出獲得更多報酬的方式，從而最佳化我們的開銷和投資決策。

「利潤優先」不僅符合自然行為，還更能幫助我們管理現金。在這個系統中，不再需要複雜的會計計算或專業協助來

理解公司的財務狀況。相反，我們可以直觀地看到哪些錢可以花，哪些錢需要存下來，以確保公司的穩健發展。

透過採用「利潤優先」的視角，我們可以更加明智地管理企業，確保在追求銷售成長的同時不忘初心──賺取利潤。這種方法不僅有助於避免陷入「生存陷阱」，還能讓公司在競爭激烈的市場中脫穎而出。

對此，美國企業家、天使投資人米夏洛維奇[01]在其著作《現金為王》(*Cash is King*)中總結了幾個核心原則，對創業者來說，不失為寶貴的經驗，不妨根據企業的自身情況加以參考。

1. 帕金森定律（Parkinson's law）

1955年，現代哲學家諾斯古德・帕金森（Cyril Northcote Parkinson）提出了引人深思的定律──帕金森定律，它揭示了一個反直覺的現象：人們對某物的需求，會隨著供給的增加而增加。在經濟學領域，這被稱為誘導需求。例如，儘管我們擴建道路以期減少交通堵塞，但總會有更多的司機上路，填滿新增的車道。

同樣地，這個原則也適用於商業環境。如果客戶給你一週時間來完成一個專案，你可能會用足一週的時間。然而，如果客戶只給你一天時間，你便會在一天之內完成任務。這

---

[01] 麥克・米夏洛維奇（Mike Michalowicz），哈佛大學、普林斯頓大學、賓夕法尼亞大學等大學創業專案的客座講師。

顯示，當資源有限時，我們會更加高效能地利用它們。

當我們的資源或時間變得有限時，我們會做出兩種反應。首先，我們會變得更加節儉。就像當牙膏快要用完時，我們會不自覺地減少每次刷牙時擠出的牙膏量。

然而，更重要的是，資源有限還會激發我們的創新精神。我們會想方設法從有限的資源中榨取最大的價值，就像從牙膏管裡擠出最後一點牙膏一樣。在商業環境中，這意味著當我們面臨有限的經營資金時，我們會努力尋找更高效能、更經濟的方法來達到相同或更好的結果。

因此，利潤優先的第一大核心原則是：透過先確保利潤，並將它從視線裡「移開」，我們被迫在有限的資源下營運公司。這種做法不僅促使我們更加節儉，更重要的是，它激發了我們的創新精神，推動我們不斷尋找更優良的解決方案。在這種壓力下，往往能發現之前未曾注意到的機會和潛力，從而推動公司的持續發展。

2. 初始效應（primacy effect）

在心理學中，有一個被稱為「初始效應」的原則，它指的是我們對首先接觸的事物會給予特別的重視。這個原則在日常生活和商業決策中都發揮重要的作用。

想像一下，當你看到兩組描述詞，一組是「邪惡、憎恨、憤怒、喜悅、關懷、愛」，另一組是「愛、關懷、喜悅、

憤怒、憎恨、邪惡」。儘管這兩組詞完全相同，只是順序相反，但我們的第一印象往往會受到開頭幾個詞的影響。這就是初始效應的展現。

在商業世界中，這個原則同樣適用。當我們遵循傳統的「營業收入 - 成本費用 = 利潤」公式時，我們往往會過度關注營業收入和成本費用，而將利潤視為次要因素。這種思維方式導致我們陷入一個無止境的循環：努力銷售以獲取收入，然後用這些收入去支付帳單。最終，我們可能會發現自己雖然營業額不斷成長，但利潤卻遲遲未見提升。

為了打破這個循環，我們需要將利潤放在首位。當我們把利潤作為關注的焦點時，它會始終保持在我們的視野中，從而確保我們做出的每一個決策都是為了實現利潤最大化。這種思維方式有助於我們更加理性地分配資源，最佳化成本結構，並最終實現永續的獲利成長。

因此，「利潤優先」不僅僅是一種財務策略，更是一種以利潤為導向的思維方式。透過運用初始效應的原理，我們可以將利潤置於商業決策的核心位置，從而推動企業的長期發展和成功。

3. 堅定決心：及時提取並妥善保管利潤

我個人對巧克力蛋糕毫無抵抗力，如果它與健康食品一起擺在我面前，我恐怕會毫不猶豫地先品嘗蛋糕。為了避免這種情況，我總是確保手邊有健康的食物，並遠離垃圾食品。

金錢管理亦是如此。在實施「利潤優先」策略時，我們可以利用「眼不見，心不煩」的心理效應。一旦產生利潤，我們應立即將其從日常經營資金中分離出來，這樣它就不會在日常視線之內，從而減少被隨意使用的可能性。

就像我們會避開那些觸手可及的誘惑一樣，當利潤被「隱藏」起來後，我們會更加專注於利用手頭的資源，而不是惦記著那些已經「消失」的利潤。而當利潤帳戶定期為我們帶來額外的收益時，這種感覺就像收到一筆意外的獎金，讓人倍感愉悅。這種方法不僅有助於保持自律，還更能激發我們管理好資源，實現長期的財務目標。

4. 建立穩定的財務節奏

透過有序地管理財務，我們能夠獲得深遠的益處。這意味著，無論是有大額資金入帳，還是現金流出現短暫下降，我們都能保持冷靜，不會因衝動而過度消費，也不會在資金吃緊時感到驚慌。這並不是說資金會源源不斷地自動流入，而是透過建立穩定的財務節奏，我們能夠擺脫因資金波動帶來的日常焦慮。

實際上，這種節奏不僅為整體現金流提供一個可靠的參考，還是衡量現金流狀況的一種簡化方式。你無須深入研究複雜的現金流量表，只需透過檢視你的銀行帳戶，就能對現金流狀況有直觀的了解。畢竟，定期檢視帳戶已經成為日常習慣的一部分。

04 現金為王：投資人最關心的穩定基礎

一旦你掌握了這種現金管理的節奏，就相當於掌握了商業活動的核心脈動。

你可以透過每日檢視銀行帳戶來即時監控你的現金狀況。只需簡單登入，快速瀏覽餘額，然後退出即可。很快，你就能對自己的財務狀況有清晰的了解。

想像一下，你的現金流就像海浪一層層地拍打著沙灘。當現金如巨浪般湧入時，你會清楚地看到，並據此作出相應的行動。同樣，當海浪變得平靜時，你也會立刻察覺。雖然現金流動在大多數情況下都是正常的波動，可能不需要立即採取行動，但重要的是，你總能透過日常檢視帳戶的習慣，對財務狀況瞭如指掌，從而做出明智的決策。

在理解自身行為背後的心理學動因之後，下一步是建構一個符合自然行為模式的系統。讓我們從一個重塑的「利潤優先」公式出發：

$$營業收入 - 利潤 = 成本費用$$

以下是這個新公式的四個實踐原則，如圖 4-3 所示：

圖 4-3 四個實踐原則

1. 細分資金管理

當資金流入你的收入帳戶時，它僅僅作為一個中繼站。隨後，你需要定期按照預設的比例，將資金從收入帳戶分配到其他專用帳戶中。

這些專用帳戶各自承載不同的功能：利潤帳戶、股東薪酬帳戶、稅務帳戶及營運成本帳戶。

簡而言之，你的財務體系將由這五個基礎帳戶構成（收入、利潤、股東薪酬、稅務和營運成本）。對初學者來說，這是一個很好的起點，而隨著你對系統的熟練掌握，你可以根據需求，增設更多帳戶。

2. 遵循分配順序

無論何時，都要根據預先設定的比例，向各個帳戶分配資金。帳單的支付永遠不是首要任務。資金會從收入帳戶依次流入利潤帳戶、股東薪酬帳戶、稅務帳戶和營運成本帳戶。

之後，你只能用營運成本帳戶中的資金來支付帳單，這是鐵律。那麼，如果營運成本帳戶中的資金不足以支付費用，該如何應對？

這並不意味著你需要從其他帳戶裡挪用資金。相反，這是你的企業在向你發出訊號：某些費用超出負擔能力，你需要考慮削減這些開支。透過剔除不必要的花費，你的企業將展現出驚人的發展潛力。

3. 遠離誘惑

將你的利潤帳戶和其他「誘人」的帳戶隱藏起來，讓它們遠離你的視線。你需要採取措施，增加動用這些資金的難度，從而抵制住「借用」這些資金的誘惑。

你可以透過設定問責機制來防止自己隨意取款。

4. 建立穩定的財務節奏

每半個月分配一次資金，並支付應付帳款。不要等到帳單堆積成山才著手處理。透過設定固定的分配和支付節奏，每半個月結算一次帳單，你將能清楚地看到資金的累積情況及資金的具體流向。這是一種有序、重複且頻繁的現金流管理方式，遠勝於依賴直覺的資金管理。

透過遵循「利潤優先」原則，我們不僅能確保企業的穩健發展，還能有效地抵禦各種誘惑，保持對利潤的專注和重視。這種方法能幫助我們建立健康的財務習慣，使我們在商業競爭中保持清醒的頭腦和堅定的決心。建議創業者適當運用這個原則，並了解如何將其應用於實際商業活動中，以推動企業的持續發展，邁向成功。

05　產品不夠強，
投資人不會尖叫

　　暢銷產品如繁星點點，璀璨奪目，可為何你的產品卻彷彿隱匿於夜空，難以被人察覺？是市場太過擁擠，還是你的光芒尚未綻放？面對這樣的困境，你是否曾夜深人靜時自問：暢銷產品這麼多，為什麼就是看不到我的產品？

　　投資人眼中的好產品究竟是什麼模樣？是技術創新的領先陣地，還是使用者需求的精準捕捉？是獲利模式的獨樹一幟，還是市場潛力的無限廣闊？要解開這個謎團，我們是否應該更深入地探究投資人真正尋找的是什麼？

　　當你站在投資人的面前，如何「秀」出你的產品價值，讓他們眼前一亮，甚至心生驚嘆？是依靠詳盡的數據報表，還是生動的情境演示？是講述一個引人入勝的故事，還是直接展示產品的核心競爭力？記住，每一次展示都是一次機遇，你，準備好了嗎？

為什麼市面熱賣，你卻賣不動？

在當今市場競爭激烈的環境下，消費者面臨無數的產品選擇，而商家們也都竭盡全力推出各種熱門產品以吸引消費者的眼球。然而，很多時候我們會發現，儘管市場上暢銷產品層出不窮，但某些產品卻始終難以獲得消費者的關注。究竟是什麼原因導致這種現象呢？

暢銷產品，作為市場行銷中的一個熱門概念，通常指的是那些在短時間內迅速走紅，銷售量激增，為企業帶來顯著利潤的產品。它們不僅是企業營業額的主力軍，更是品牌影響力和市場占有率的關鍵驅動力。從更宏觀的角度看，暢銷產品還需在同產業內展現出領先的競爭優勢，並具備持續的市場吸引力。

隨著網路的蓬勃發展，暢銷產品的概念也在不斷演變。相較於傳統工業時代，當今的暢銷產品呈現出更為鮮明的時代特質。以下三點尤為突出，各位創業者不妨看看你設計的產品是否符合以下幾個特點？

1. 極致單品

在網路時代，產品的某一特性或功能若能做到極致，便有可能迅速占領市場，成為消費者心中的獨特記憶點。例如，Snapchat 應用程式憑藉其「閱後即刪」的極致功能，成功吸引大量使用者，估值高達 190 億美元。

2. 殺手級應用

與傳統工業時代強調價格競爭力不同，當今的暢銷產品更注重使用者體驗。一款產品若能直擊使用者需求，提供無與倫比的應用體驗，便有望成為市場的佼佼者。

3. 爆炸級口碑

在網路的助力下，消費者口碑的傳播展現出前所未有的快速和廣泛。一款產品若能引發消費者的熱烈討論和推薦，便能在短時間內形成連鎖反應，迅速引爆市場。這種 N 到 N 的推銷模式，使連鎖反應以等比級數倍增，成為當今暢銷產品成功的關鍵。

成功打造暢銷產品並非一蹴而就，正如羅馬非一日建成，暢銷產品的誕生也需要深厚的累績和精準的策略。在這裡我不是鼓吹暢銷產品有多好，但至少創業者應以此為目標。企業在追求暢銷產品的道路上，可以依託以下三種路徑：

路徑 1：聚焦暢銷產品的功能

一個出色的功能，往往能迅速點燃市場熱情。以某通訊軟體的線上紅包為例，其誕生源於員工對節日發紅包這個傳統習俗的深刻洞察。線上紅包巧妙地將傳統紅包文化與現代科技結合，透過「搶紅包」這個創新功能，不僅激發使用者的參與熱情，更成功引爆群組內的互動氛圍。這種策略的關鍵在於精準掌握使用者需求，透過一個「搶」字，巧妙激發了隱藏的使用者，形成強大的使用者黏著度。

路徑 2：打造暢銷產品

這意味著要將單一功能升級為全面解決方案，以滿足使用者在不同情境下的需求。產品經理們要深知「情境」的重要性，透過深入挖掘使用者使用情境，設計出更符合使用者需求的產品。例如，春節發紅包是某通訊軟體線上紅包的一個重要情境，但春節後如何延續這種熱度？它們推出多種衍生性產品，不僅豐富了使用情境，還提升了軟體支付的使用率。這種策略的成功，在於對使用者情境的深刻理解與拓展。

路徑 3：建構暢銷產品平臺

一個強大的平臺能夠為產品提供持續性的曝光和動力。透過春節活動百億級的大情境，軟體公司線上紅包實現了空前的互動次數和收發總量。這充分展現出暢銷產品平臺在推動產品爆發式成長中的關鍵作用。

整體而言，打造暢銷產品需要企業在功能、產品和平臺三個層面進行深入挖掘和創新。透過精準掌握使用者需求、豐富使用情境和建構強大平臺，企業可以更有效地推動產品的爆發式成長。

賈伯斯（Steve Jobs）曾經深刻指出：「聚焦的意思不是說『是』，而是學會對現有的另外 100 個好主意勇敢說『不』。」這個理念在他重新執掌蘋果後得到了淋漓盡致的展現。賈伯

斯回歸後的首要任務,便是集中精力打造能夠引爆市場的產品——暢銷產品。他深知,如果企業無法專注於一個方向進行深入研發,那麼真正意義上的暢銷產品將永遠遙不可及。

在賈伯斯的引領下,蘋果公司以精益求精的態度,對產品進行不斷地打磨和創新,最終推出了一系列顛覆性的暢銷產品,不僅重塑蘋果的品牌形象,更引領整個科技產業的潮流。相信賈伯斯的聚焦哲學,為所有創業者們提供了寶貴的啟示。

05　產品不夠強，投資人不會尖叫

投資人認定的「好產品」長什麼樣

我見證過無數創業者的夢想：他們渴望打造出一款能夠代表自己心血與智慧的產品。然而，在現實的商業戰場上，許多產品經理向我們訴說過他們的困惑：

- 為何我們的產品品質與大品牌相當，價格更低，卻依舊銷售不暢？
- 為何自認方向明確，市場卻並不買單？
- 為何我們的產品在某些方面出類拔萃，市場和使用者卻並不認可？

身為投資人，我們深知產品經理們對打造好產品的執著，也理解產品問世後未能獲得市場認可的失落。那些耗費心血和時間打磨出的產品，能夠打動團隊，卻未必能觸動市場和使用者。

當然，我也曾走過這些冤枉路，只不過，如今已能更精準地掌握市場脈動，提升產品的成功率。這主要歸功於兩點：一是從過往的失敗中不斷吸取教訓，透過反思和總結，使每一次的失敗都成為通往成功的墊腳石；二是積極尋求經驗豐富、視野開闊的前輩指導，他們的寶貴建議，往往能指引我們避開陷阱，更快找到正確的方向。

在投資過程中，我們會藉助自身的經驗和資源，幫助創

業者更精準地掌握市場脈動,提升產品的成功率。這主要得益於我們對市場的深入了解和對使用者需求的敏銳洞察。同時,我們也非常看重產品的創新性和差異化。在競爭激烈的市場中,只有不斷創新,才能在眾多產品中脫穎而出,贏得使用者的青睞。

從投資人的視角來看,好產品不僅僅是品質上乘、價格合理,更重要的是能夠滿足市場需求,具有創新性和差異化,同時還需要有一支傑出的團隊來執行和推動產品的持續發展。

此外,投資人判斷好產品通常會有一些共通性的標準,以下是我們總結的三個標準 —— 好看、好用、好玩(詳見圖5-1):

標準1:好看

「好看」指的是產品在視覺設計上吸引人,能夠引起消費者的注意和興趣。

一個好的產品設計,不僅能夠提升產品的整體質感,還能增加消費者對產品的好感度,甚至激發消費者的購買欲望。

圖 5-1 好產品的三個標準

05　產品不夠強，投資人不會尖叫

標準 2：好用

「好用」強調的是產品的實用性和功能性。一個好的產品應該能夠解決使用者的實際問題，提供便捷、高效能的使用體驗。產品的易用性和可靠性是判斷其是否「好用」的關鍵因素。

如某電商堅果品牌，其產品在包裝設計、開口方式、食用便利性等方面都做了精心設計。例如，其堅果包裝設計科學，易於打開和保存，確保了食品的新鮮度；同時，每包堅果都配有開果工具，方便消費者食用。這些細節上的考量，大大提升產品的使用體驗，符合「好用」的標準。

標準 3：好玩

「好玩」指的是產品具有趣味性和互動性，能夠引發消費者的好奇心和探索欲望。一個「好玩」的產品，往往能夠吸引消費者的注意力，增加產品的使用頻率和使用者黏著度。

肯德基經常與各種知名 IP 合作，推出聯名款玩具，這些玩具不僅設計獨特，且具有一定的互動性，能夠吸引孩子們的注意力。例如，肯德基曾與多個熱門卡通角色合作，推出可變形的玩具，孩子們在享用美食的同時，還能玩到有趣的玩具，這種「好吃又好玩」的體驗，大大增加了肯德基對消費者的吸引力。這些聯名款玩具充分展現「好玩」這個標準。

簡單來說，可以概括為以下幾點：

1. 讓使用者獲益是一切商業的出發點與產品的核心

在商業世界中的普遍失誤，是過於聚焦產品本身的功能和優勢，而忽視使用者的真正需求。許多新創企業在向投資人介紹專案時，往往大談產品特點和技術先進性，卻忽略了最重要的一點：使用者從中能獲得什麼益處？

事實上，任何成功的產品或服務，都基於一個根本原則——它們能夠在某個層面滿足使用者的需求。這不僅僅是提供解決方案，更是深入理解使用者的困難點，並為其創造價值。

以我們投資過的一個團隊為例，該團隊打算開發一款線上英語學習應用程式，初步的使用者調查似乎指向一個明確的方向：使用者傾向於選擇免費且內容豐富的應用程式。然而，這種表面的需求，很容易將我們引向錯誤的方向。

為了更深入了解使用者的真實需求，團隊轉變調查策略，從直接詢問變為仔細觀察。透過觀察使用者手機中已安裝的英語學習應用程式，以及他們在推薦應用程式時強調的特點，我們得以洞察到更深層次的需求。這種方法幫助該團隊發現真正的市場機會，並為後期的產品定位提供了寶貴的經驗。

真正的使用者需求往往隱藏在表面之下，需要透過深入的觀察和洞察才能發掘。而身為產品經理或創業者，我們的首要任務不是推銷自己的產品理念，而是確保產品能夠真正讓使用者獲益。

2. 產品的核心：助力使用者高效能完成任務

在產品設計中，降低成本、提升使用者體驗是贏得市場的關鍵。只有當產品能夠以更低的成本和更出色的體驗滿足使用者需求時，才能真正獲得成功。

回顧歷史，我們可以看到許多技術或產品在誕生初期並未立即被大眾接受。

個人 PC 在 windows 作業系統出現之前，儘管電腦技術已經發展了 30 年，但也並未廣泛普及。直到出現了直觀易用的圖形介面和互動方式，如所視即所得、拖曳和點選等，才使個人電腦真正普及。

同樣，AI 技術從 1967 年就開始研發，但直到今天才得以大規模應用。這其中的主要障礙，在於缺乏合適的應用場合。當人們發現透過簡單的語音指令和點選就能控制家電、汽車，並得到問題解答時，AI 技術才真正開始嶄露頭角。

短影音技術的突破，並非在其功能上的創新，而是影音平臺透過濾鏡、貼紙、音樂、動態圖像和影片剪輯等功能，大大降低了內容生產的成本。這讓普通使用者也能快速製作出高品質的作品，從而推動短影音應用的廣泛流行。

在今天碎片化的資訊時代，大部分使用者都很懶惰，懶得思考，他們更沒有什麼耐心去研究你的產品。因此，僅僅對現有技術進行簡單包裝是遠遠不夠的。想贏得使用者的青

睞，必須在使用者體驗、互動邏輯和情境組建上下足功夫。只有深入了解使用者的實際需求，站在他們的角度思考問題，以最低的成本幫助他們完成任務，才能真正打造出受使用者歡迎的產品。

3. 釐清商品與產品的概念差異

在深入探討之前，我們首先需要了解什麼是商品。從經濟學的角度來看，商品是用於交易的產品。這個定義看似簡單，卻蘊含了深刻的商業邏輯。

一個產品，無論多麼出色，如果不具備交易價值，或交易成本過高，那麼它很難轉化為市場上的商品。將產品送達使用者手中，涉及使用者尋找、溝通、建立信任、收款、物流等多個環節，這些都是交易過程中的必要成本。

對新創公司而言，我通常不建議它們涉足 TO B 業務，主要原因是這類業務的交易成本往往非常高昂。同樣，開發一款劃時代的新產品也需謹慎，因為這類產品通常需要投入大量精力來說服使用者接受。

在早期創業期間，我深刻體會到一點：我們的產品只需比競爭對手略勝一籌，就足以贏得市場。這一點點的優勢，往往就是商業成功的關鍵。

以某叫車 APP 為例，儘管其多年虧損，但最終還是成功上市，背後的原因之一就是其極低的交易成本。出門叫車是

05　產品不夠強，投資人不會尖叫

大眾需求，透過 APP，使用者可以輕鬆完成叫車、導航、支付和評論等一系列操作。這種高效能的產品模式，為其規模化擴張提供了便利。

相反，職業教育公司的發展往往難以在短時間內實現規模化。這是因為使用者從發掘需求到建立對平臺的信任，再到支付、完成課程並實現升遷加薪，這個週期相對較長。沒有一年半載的時間，很難看到明顯的成效。

我們必須清楚地意識到商品和產品之間的本質差別。僅僅滿足使用者欲望的產品是不夠的，更重要的是要確保產品能夠順暢地交易，發揮其商業價值。否則，產品再好，也難以支撐公司的長期發展。

這就是我身為投資人角度看產品的幾個核心視角，希望以上三點認知，對創業者在設計產品時有所助益。

展示你的價值，而非你的情懷

相信每一位創業者都經常需要向投資人推銷自己的創意與產品，這個過程就像一場大「秀」，「秀」得好的話，或許你可以輕而易舉抓住機會，同時讓投資人認可你的產品價值，否則就會錯失良機。

在我的職業生涯早期，一位資深同事曾跟我分享過一句深刻的話：「優秀不僅僅是擁有優點，更重要的是如何將這些優點有效地展現出來。」這句話一直引導著我，讓我意識到在當今這個資訊爆炸的時代，「秀」出自己的重要性。

「酒香不怕巷子深」的觀念已經過時，即便你的產品再出色，如果未能有效地展示其傑出之處，那這些優點也很可能被埋沒。產業創辦人如賈伯斯等，他們深知如何在大庭廣眾之下「秀」出自己的產品，從而吸引無數的目光和關注。

那麼，如何「秀」得恰到好處，往往決定了我們能否抓住稍縱即逝的機遇。

常見的展示現場包括投資人會議、產品推介會、投資評審、創新競賽、展覽會、產品廣告和招標投標會等。在這些場合中，我們需要精煉地描述產品。

總之，當面對「你的產品是什麼？」這樣的詢問時，能夠快速、準確地用一句話介紹產品是至關重要的。這不僅能迅

05 產品不夠強，投資人不會尖叫

速抓住投資人的注意力，還能有效傳達產品的核心價值。

大家不妨嘗試以下幾種方法，為自己的產品建構一句介紹詞。

方法一——獨特賣點＋品類名詞

獨特賣點：需要強調產品的獨特性和與眾不同之處。思考你的產品相較於競爭產品有何獨特優勢？為什麼消費者會選擇你的產品而非其他？

賣點價值：賣點必須能夠觸動消費者，對他們有實際意義，且要用消費者容易理解的語言來描述這個價值。

例如，海倫仙度絲（Head & Shoulders）以「去屑」為獨特賣點，飛柔（PERT）強調「柔順」，而潘婷（Pantene）則主打「養髮」，這些都是簡潔且有力的產品介紹。

方法二——類比法，即用熟悉的概念詮釋新品

類比法是一種非常有效的介紹方式，它藉助大家都熟知的產品或概念來為新產品做參照。這樣做，能夠迅速幫助受眾建立對新產品的認知框架。

類比不僅讓投資人迅速理解新產品的屬性，還藉助舊產品的知名度，提升了自身的市場地位。

方法三——「輸入—輸出」邏輯清晰定義產品

有效地傳達產品的使用價值和便捷性至關重要。其中，「輸入—輸出」句式是一種極具說服力的表達方式。「輸入—

輸出」句式從使用者的角度出發，清楚闡述使用者只需進行一個簡單的動作（輸入），即可獲得期望的結果（輸出）。這種句式結構能夠迅速抓住聽眾的注意力，突出產品的易用性和實用性。

例如，Uber 前 CEO 崔維斯・卡蘭尼克（Travis Kalanick）曾簡潔地描述 Uber 的核心服務：「你只要按下一個鍵，就會有一輛車來接你。」這種「輸入—輸出」的表述方式，讓人一聽即明白 Uber 的便利之處。

同樣，有一個生鮮創業專案也巧妙地運用了「輸入—輸出」句式進行自我介紹：「手機按一按，新鮮蔬果送到家。」這句話簡潔明瞭地傳達了使用者只需要透過手機簡單操作，就能享受到新鮮蔬果直送到家的服務。

介紹產品的方法還有很多，在後面章節我會向大家詳細介紹如何撰寫商業計畫書、商業路演等方法。當然，無論用什麼方法，你的目標都是讓投資人能夠快速理解你的產品，並對其產生濃厚的興趣。這樣你才更能「秀」出你的產品價值，為你的創業之路贏得更多的支持和資源。

打造產品勝出的「金三角法則」

現在，我們再回到本章開篇的問題，你是否有了一絲絲啟發或答案呢？

再次思考，在市場競爭日益激烈的今天，為何有些產品能夠脫穎而出，成為人人追捧的暢銷產品，而有些產品卻默默無聞？這背後的原因，除了產品品質和創新之外，更關鍵的是市場行銷的策略。觀察成功案例，它們之所以能夠在市場中大放異彩，正是因為巧妙運用了打造暢銷產品的「金三角法則」。

「金三角法則」是一個強大的市場行銷策略框架，它主要包括三個核心法則：

難點法則、尖叫點法則和爆點法則，詳見圖 5-2 所示。這三個法則相輔相成，共同構成了產品在市場中獲勝的關鍵。接下來，我將詳細解讀這三個法則，幫助創業者更容易理解並運用它們。

圖 5-2 金三角法則

1. 難點法則：深入洞察使用者需求

在創業過程中，真正理解並抓住使用者的難點至關重要。難點法則實質上是一種使用者策略，它要求我們將「使用者至上」的理念貫穿於整個價值鏈和日常行動中，而不僅僅是停留在口頭上。

以張女士為例，她是一位全職太太，負責照顧家裡的兩個孩子。她的日常生活被孩子的起居飲食、接送上下學等家務事完全占據，甚至沒有時間和精力追求自己的事業。張女士的難點就是缺乏個人時間，她的生活完全被孩子和家庭所牽絆。這不僅僅是張女士個人的問題，而是許多忙於家庭生活的女性們的共同難點。

身為創業者，我的建議是：產品研發應該致力於解決這類使用者的難點。在研發過程中，可以遵循一個公式：場合＋角色＝產品。在張女士的例子中，場合是全職媽媽帶孩子的日常挑戰，角色包括母親和兩個孩子。我們需要找到一個能夠結合這些情境和角色的產品解決方案，並透過深入的市場調查來蒐集資料，指導產品的研發。

但值得注意的是，在辨識到使用者的難點之後，我們需要仔細評估這個難點是否值得投入資源進行產品研發。同時，我們還需要考量產品上市後的市場接受度、銷售量預期等因素，確保我們的創業專案既具有社會價值，又能實現商業成功。

2. 尖叫點法則：打造極致產品體驗

在如今產品同質化競爭越發激烈的市場環境中，想讓你的產品脫穎而出，就必須追求極致的產品體驗，讓使用者在使用產品的過程中發出由衷的尖叫。那麼，如何才能實現這一點呢？

首先，設計產品時要秉持零容忍的態度，對產品的任何瑕疵都不能容忍。無論是小到一個缺陷，還是操作體驗上的微小停頓，都應當被視為不可接受的缺陷。在產品的核心功能和流程設計上，更不能有任何妥協。只有這種對極致的追求，才能確保產品為使用者提供卓越的體驗。

產品的核心功能是它的立身之本。除非進行重大的版本升級，且這種升級改變了產品的整體方向，否則必須確保核心功能的穩定性和可靠性。任何對核心功能的改動，都應慎之又慎，以免破壞使用者的信任和使用習慣。

附屬功能雖然可以為產品加分，但並不意味著功能越多越好。相反，有選擇地增加附屬功能才是明智之舉。過多的功能，可能會讓使用者感到困惑，迷失在繁多的非核心功能中，從而無法滿足他們使用產品的主要需求。因此，創業者需要精心挑選和設計附屬功能，確保它們能夠真正為使用者帶來價值。

以某通訊軟體為例，團隊在一次升級中巧妙地解決了使用者的一個難點。當時，通訊軟體群組聊天人數一多，就容

易出現混淆身分的情況。為了改善這個狀況，團隊在群組人數超過一定數量時，自動打開顯示群組成員暱稱的功能。這個改動，既提升了使用者體驗，又保留了此通訊軟體熟人社交的策略，可謂一舉多得。

3. 爆點法則：引爆市場的行銷策略

爆點法則是打造熱賣商品的關鍵，它要求企業運用網路行銷的智慧來啟用市場，而非依賴傳統的廣告宣傳。透過社群行銷的策略來強化產品的影響力，而不是僅依靠明星的代言效應。實施爆點法則，可以遵循以下三個步驟：

首先，精準定位核心使用者群體。

資訊的傳播在具有共同興趣和屬性的群體內效率最高。

其次，提升使用者的參與感和歸屬感。

行銷不僅僅是傳遞資訊和銷售產品，它更像是一場精心策劃的演出，透過持續的儀式化活動，增強使用者與品牌的情感連結。

最後，巧妙運用事件行銷。

當下焦點事件蘊含著豐富的情緒和價值觀，具有非常高的傳播潛力。

在爆點法則中，事件行銷是關鍵環節，它能幫助企業或產品迅速抓住民眾的注意力（詳見表5-1）。

表 5-1 某運動品牌的事件行銷過程

某新興運動品牌借勢大型運動賽事進行事件行銷	
背景與策劃	近年來,隨著健康生活方式的興起,越來越多的人開始關注體育運動。某新興運動品牌看到了這個市場趨勢,決定借勢即將舉行的大型運動賽事進行事件行銷
合作與贊助	該品牌與賽事委員會達成合作,成為賽事的官方贊助商,獲得了在賽場、媒體和廣告中的曝光機會
限量版產品推出	為配合賽事主題,品牌推出了限量版運動裝備,設計上融入了賽事元素,增加產品的獨特性和收藏價值
線上線下互動	透過社群媒體平臺,品牌發起了一系列與賽事相關的互動活動,如預測比賽結果、分享觀賽體驗等,吸引了大量粉絲參與
運動員代言	簽約參賽的知名運動員作為品牌代言人,透過他們在賽事中的表現和影響力,進一步提升品牌的知名度和聲譽度
成果與影響	銷售量提升:限量版產品一經推出便受到熱烈歡迎,銷售量大幅成長
	品牌曝光度增加:透過賽事贊助和運動員代言,品牌在各大媒體和社群平臺上的曝光度顯著提升
	粉絲互動增強:線上線下互動活動吸引了大量粉絲參與,增強了品牌與消費者之間的互動和黏著度

▶ 大消費產業行銷策略

說到行銷,就不得不提到今天的消費升級與行銷升級。

在市場行銷的世界中,僅僅獲得流量是不夠的,能夠將這些流量有效轉化為實際銷售量或品牌價值,這樣的行銷活動才會被認為是成功的。流量變現是行銷活動的終極目標,它展現了行銷策略的有效性和市場推廣的實際成果。

隨著時代的變遷和科技的進步,行銷方式也在不斷演變。

傳統行銷主要依賴傳統媒體廣告和線下管道來推廣產品。這種方式雖然覆蓋面廣,但精準度和互動性相對較低。

新式行銷則融合了品牌建設、IP打造、新媒體行銷以及線上線下的全管道策略。這種方式更加注重與消費者的互動,提高了行銷的精準度和效果。

做好新行銷的關鍵在於透過以下幾點,與市場和使用者建立有效連結。

1. 占一個詞

在大消費產業中,占領一個關鍵字對品牌建設至關重要。這不僅能讓消費者迅速將品牌與特定產品或屬性連結起來,還能在競爭激烈的市場中脫穎而出。

2. 定一個價

定價策略是行銷中極為關鍵的一環。合理的定價不僅能展現產品的價值,還能吸引目標消費者,同時確保企業的利潤空間。

3. 找一群人

在行銷中，精準定位目標消費者群體至關重要。了解他們的需求、喜好和消費習慣，有助於制定更加精準的行銷策略。

(1)新消費者主流使用者畫像

隨著社會的發展和消費觀念的變化，新消費者主流使用者畫像也在不斷變化。

他們更加注重個性化、品質化和體驗化，對產品的要求也更加多元化和高階化。

(2)消費分級會越來越明顯

隨著經濟的發展和消費者需求的多樣化，消費分級現象將越來越明顯。

不同層次的消費者有不同的消費觀念和購買力，因此，企業需要針對不同層次的消費者制定相應的行銷策略。

(3)新中產階級的兩大消費需求

新中產階級身為當前社會的重要消費族群，他們的消費需求主要展現在兩個方面：

努力打拚後的自我獎勵：新中產階級在努力工作、打拚之後，希望透過消費來獎勵自己，提升自己的生活品質。他們更傾向於選擇高品質、有品味的產品和服務來犒賞自己。

成為更好的自己：新中產階級注重個人成長和提升，他們希望透過消費來學習新知識、新技能，提升自己的綜合素

養。因此,他們更加關注教育、培訓、健康等領域的消費。

此外,不同的消費群也有自己的消費邏輯。

其一,新中產階級消費邏輯:誰讓我開心,我買誰

新中產階級的消費邏輯可以概括為「誰讓我開心,我買誰」,這種邏輯主要展現在以下幾個方面(詳見表 5-2)。

表 5-2 新中產階級消費邏輯

新中產階級消費邏輯	
品質消費	新中產階級更傾向於消費高品質、高品味的產品。他們不僅看重產品的實用性,還注重品牌和設計感。例如,新中產階級可能會選擇有品質保障的高階品牌,或具有獨特設計風格的產品,以滿足他們對品質生活的追求
生活品質和健康追求	新中產階級非常注重生活品質和健康,因此他們在消費時會傾向於選擇那些能夠提升生活品質和促進身心健康的產品或服務。如有機食品、健身課程、戶外裝備等,這些都是新中產階級為了提升生活品質和健康而願意消費的項目
文化和審美需求	新中產階級通常具有較高的文化素養和審美能力,因此他們在消費時會注重產品的文化內涵和審美價值。比如,他們可能會購買藝術品、參加音樂會或戲劇表演等文化活動,以滿足自己的精神文化需求

新中產階級消費邏輯	
環保和永續性	新中產階級對環保有較強的意識,他們在消費時會傾向於選擇環保、永續性的產品。例如,購買節能電器、使用環保材料製成的產品等,這些都是新中產階級為了支持環保和永續發展而做出的消費選擇
高科技產品的使用	新中產階級通常對高科技產品有濃厚的興趣和使用習慣。他們會關注科技的發展和應用,並願意購買最新的高科技產品。如智慧型手機、智慧家居設備等,這些高科技產品能夠提升新中產階級的生活便利性和舒適度

新中產階級的消費邏輯主要是基於品質消費、生活品質與健康、文化與審美、環保與永續性及高科技產品的追求。他們在消費時會注重產品的品質和設計感,追求高品質的生活方式,關注文化和審美價值,支持環保和永續發展,並熱衷於使用高科技產品。這些消費邏輯共同構成了新中產階級獨特的消費觀念和行為模式。

其二,年輕人的消費邏輯:誰流行,我買誰

年輕人的消費邏輯在相當程度上受到流行趨勢的影響,可以概括為「誰流行,我買誰」。他們的消費行為特點如下(詳見表 5-3)。

表 5-3 年輕人的消費邏輯

年輕人的消費邏輯	
追求時尚與潮流	年輕人熱衷於追求時尚潮流,容易受社群媒體和網紅影響。例如,透過短影音平臺及社群購物分享平臺,他們能夠快速捕捉到當前的流行趨勢,並跟隨購買
海外與跨境電商	跨境電商的發展讓年輕人能更方便地接觸到海外的流行商品。
汽車消費	汽車作為年輕人出行的「標配」,其消費水準的提升也反映了他們對流行趨勢的追求。

其三,年輕辣媽的消費邏輯:好姐妹買什麼,我買什麼

年輕辣媽的消費邏輯則更受到親友和社交圈的影響,可以簡單概括為「好姐妹買什麼,我買什麼」。她們的消費行為特點,如表 5-4 所示。

表 5-4 年輕辣媽的消費邏輯

年輕辣媽的消費邏輯	
信任親友推薦	年輕媽媽在消費決策過程中,更信賴來自親友的推薦,這種口碑傳播在她們的消費行為中占據重要地位
重視品質和實用性	雖然受到親友影響,但年輕媽媽在消費時仍然非常注重產品的品質和實用性。她們會為品質買單,並傾向於選擇安全、實用且耐用的商品

年輕辣媽的消費邏輯	
理性消費	與一些衝動的消費行為不同,年輕媽媽在消費前會進行充分研究和比價。她們之中的大多數人會理性地下單購買,顯示出較為成熟的消費觀念
國貨偏好	越來越多的年輕媽媽開始關注並購買國貨母嬰品牌。這既展現了她們對品質的追求,也反映了國產品牌的崛起和影響力

可見,年輕人和年輕辣媽在消費邏輯上各有特點,但都受到了社群媒體、親友推薦及市場趨勢的深刻影響。

在這個使用者為王的時代,「金三角法則」以其前瞻性的視角,成功地將企業從「以公司為中心」的傳統觀念中解放出來,轉而聚焦於使用者的真實體驗和需求。

它提醒我們,一切產品和服務的出發點,都應滿足使用者的期望和需求。只有當我們將使用者思維貫穿始終,深入挖掘並回應使用者的每一個細微需求,才能打造出真正觸動人心的產品,提供更有價值的服務。

顛覆需拿捏，別嚇跑你的投資人

顛覆，並非字面意義上的翻轉世界，而是在使用者預期之外，創造出新的價值體驗，從而激發使用者內心深處的好奇與探索欲望。在創業的道路上，適度的顛覆能為使用者帶來驚喜，引領市場的風向，而過度的顛覆，則可能會讓使用者感到不安和排斥，甚至對品牌產生負面印象。

換句話說，顛覆並非無節制地破舊立新，而是要在使用者可接受的範圍內進行合理的創新。這種創新，既能滿足使用者的現有需求，又能引領他們探索未知的可能性。

適度的顛覆，就像是在平靜的湖面上投下一顆石子，激起的漣漪會吸引使用者的目光，引發他們的好奇心和探索欲望。而過度的顛覆，則可能會像一場突如其來的風暴，讓使用者感到驚恐和不安，甚至對品牌產生懷疑和牴觸情緒。

創業者在追求顛覆性創新時，必須謹慎掌握顛覆的尺度。要在深入了解使用者需求和市場趨勢的基礎上，進行合理的創新，為使用者帶來真正的價值和驚喜。同時，也要時刻關注使用者的回饋和市場的變化，及時調整策略，確保顛覆性創新能夠真正落地生根，為使用者和市場帶來正面的影響。

顛覆，並非簡單地推翻重來，而是在使用者預期之外，以獨特的視角和創新的方式，創造出令人眼前一亮的價值體驗。

05　產品不夠強，投資人不會尖叫

Skims，這個由全球網紅一姐金·卡戴珊（Kim Kardashian）聯手創立的內衣品牌，正是透過適度顛覆創新的策略，成功激發出使用者的好奇與探索欲望，贏得了市場的尖叫。

在塑身內衣市場，傳統品牌往往過於注重塑形效果，卻忽視了不同身材女性的需求。Skims 敏銳地捕捉到這個空白市場，以「對各類身材的女性無限包容」為品牌理念，打破塑身衣的刻板標準。尺碼涵蓋範圍從 XS 到 XXXXL，照顧到不同膚色女性的著裝需求，甚至為內衣設計了 9 種裸色膚感。這種適度的顛覆，不僅讓 Skims 在視覺上給予人新穎感，更在功能上滿足了廣大女性的實際需求，從而贏得消費者的青睞。

Skims 在創新過程中，始終保持對消費者需求的敏銳洞察，以適度顛覆為策略，既滿足消費者的好奇心，又沒有超出她們的接受範圍。這種恰到好處的創新，讓 Skims 在競爭激烈的市場中脫穎而出，成為消費者心中的優選品牌。

顛覆性產品，無論其創新程度如何，都必須確保消費者能夠直觀理解其用途和價值。這一點至關重要，值得每一位創業者深思。

06　靠什麼賺錢？
標準化模式才有未來

　　對投資人而言，一個清晰、可行的商業模式，是他們評估一個創業專案是否具有投資價值的重要考量因素。因為一個標準化且可複製的商業模式不僅代表著企業能夠在短時間內實現快速擴張，也意味著風險的可控和獲利的永續性。

　　一個好的商業模式，能夠使企業在不斷變化的市場環境中保持穩健的步伐，減少經營風險，提高獲利能力。他們更傾向於投資那些已經找到或正在尋找這種商業模式的創業團隊：既能適應市場需求，又能抵禦潛在的競爭壓力。

　　本章聚焦於如何建構和最佳化一個可複製的標準化商業模式，以滿足投資人的期望，同時也為創業者自身創造長期、穩定的商業價值。力求為創業者提供一個全面且實用的指南，助力他們在創業的道路上走得更遠。

可複製的商業模式才值得押注

在創業的路上,許多人都曾面臨過這樣的困惑:為什麼有些企業從一開始就注定無法長久?為什麼眾多中小企業始終難以突破發展的瓶頸,無法實現規模化?儘管這些問題看似複雜,但歸結起來,其中一個核心原因,便是商業模式的可複製性。

一個成功的商業模式,通常是可複製的。這意味著該模式能夠在不同的市場、不同的環境下被成功複製和實施,從而實現企業的快速擴張和持續成長。

缺乏可複製性的商業模式,往往只能在特定的環境或條件下成功,一旦環境發生變化,企業便可能陷入困境。

為什麼可複製的商業模式如此重要?

首先,可複製性意味著企業能夠快速占領更多市場,實現規模化經營。當企業的商業模式能夠在多個地區、多個市場被成功複製時,其市場占有率和影響力自然會隨之擴大。其次,可複製的商業模式有助於降低企業的營運成本。透過在不同地區複製成功的經營模式,企業可以更有效地利用資源,實現規模效應,從而降低單位產品的成本。最後,可複製的商業模式能夠增加企業的抗風險能力。當某個市場或地區出現波動時,企業可以迅速調整策略,將資源投向其他有利可圖的市場或地區,從而維持穩定的獲利能力。正如管理

學大師彼得・杜拉克曾指出的，當今企業之間的競爭，不是產品之間的競爭，而是商業模式之間的競爭。

為了讓大家更直觀地理解這一點，讓我們來看一個當前市場中的真實案例。

大家都知道，目前國內已有不少餐飲公司成功上市，這些公司相較於未上市的中小企業，無疑擁有更多的資金和資源。然而，有趣的是，我們很少看到這些上市餐飲公司做大量的廣告。這是為什麼呢？

與此同時，另一些餐飲品牌，如肯德基、麥當勞等，卻頻繁地出現在我們的視線中，它們的廣告無處不在，店鋪也遍布各個角落。那麼，問題來了：為什麼同樣是上市公司，同樣擁有硬需求的市場和客戶群，卻在廣告策略上有如此大的差異？

答案就在於它們的業務模式。傳統餐飲強調個性化、客製化和經驗之談。每道菜的味道都可能因廚師的手法、心情等因素而略有不同。這種獨特性雖然吸引人，但卻難以複製和標準化。

相反，像肯德基、麥當勞這樣的速食品牌，它們的產品、服務，甚至出餐時間都是標準化的。無論你在哪個城市、哪家店鋪，吃到的食物味道都是一致的。

這種標準化和可複製性，不僅讓它們能夠快速擴張，還大大降低了成本和風險。

06 靠什麼賺錢？標準化模式才有未來

一個好的商業模式應該能夠快速自我複製，同時在短期內難以被他人模仿。

這似乎有點矛盾，但實際上，在快速擴張的商業環境中，透過併購和整合，傑出的商業模式往往得以在新企業中複製，推動企業不斷壯大。可複製的商業模式，首先應滿足以下六個方面的基本要求（詳見表 6-1）。

表 6-1 可複製的商業模式應滿足的六個基本要求

一個可複製的商業模式應滿足的六個要求	
精準鎖定目標客戶	深入了解目標客戶的隱性核心需求，並描繪出具體的應用情境
實現收益倍增	透過商業模式的獲利模型重組和創新，實現收益的快速成長
革命性降低成本	在保持或提升服務品質的同時，尋求成本的大幅降低，這並非簡單削減開支，而是透過創新方式實現成本結構的最佳化
確保可複製性	商業模式應具備自我複製的能力，同時在複製過程中保持獨特性，防止被輕易模仿
掌握控制力與定價權	傑出的商業模式應對市場和客戶具有強大的控制力和定價權，確保競爭優勢
建構系統性價值鏈	以平臺思維和生態思維為基礎，打造完整的價值鏈，形成生態系統

以沃爾瑪（Walmart）為例，其透過「天天平價」的核心理念，實現了成本的革命性降低和快速複製，從而獲得巨大的成功。

總之，建構一套可複製的商業模式，需要深入洞察市場需求、創新獲利模型、最佳化成本結構、確保獨特性、掌握市場控制力和定價權，並建構完整的生態系統。

只有這樣，才能在競爭激烈的市場中脫穎而出，實現企業的持續發展和壯大。

在驗證模式的可行性時，策略定位的確是一個關鍵步驟，其中品類定位和使用者定位是兩大核心。品類定位有助於企業在市場中找到獨特的位置，並使其產品或服務與競爭對手區分開來。

以下是根據品類定位的三大步驟，我們結合兩家生鮮電商平臺的案例進行分析：

第一步：找到一個競爭對手

在這個案例中，我們選擇 A 公司和 B 公司進行比較。兩者雖然都是生鮮電商，但各自有不同的特點和定位。

第二步：找到對手的使用者對於對手的審美疲勞（Aesthetic Fatigue）

對 A 公司和 B 公司來說，這一步需要深入了解對方使用者可能存在的需求和不滿。例如，A 公司可能發現 B 公司的使用者在某些方面的需求未被完全滿足，如產品種類、品質、配送速度等。同樣，B 公司也可能發現 A 公司的使用者在價格、促銷活動等方面有一定的審美疲勞。

第三步：差異化價值四大切割法則（詳見表 6-2）

表 6-2 差異化價值四大切割法則

差異化價值四大切割法則	
從市場認知空白點切割	A 公司更注重線下體驗與線上購物的結合，提供高品質的食材和服務，以及豐富的海鮮產品。這可以填補市場對於高品質生鮮食品的需求空白；B 公司則更側重於提供便捷的線上購物體驗和快速的配送服務，滿足消費者對生鮮食品即時送達的需求
從品類價值創新點切割	A 公司透過源頭直接採購、高品質食材，以及獨特的線下體驗店等方式進行創新，提供與眾不同的購物體驗；B 公司透過最佳化供應鏈、提高配送效率，以及豐富的促銷活動等方式進行價值創新
從精準使用者區隔點切割	A 公司的目標使用者是追求高品質生活的中高端消費者，他們更注重產品品質和購物體驗；B 公司的目標使用者是追求便捷性和 CP 值的消費者，他們更注重快速的配送服務和實惠的價格
從顧客心智價格點切割	A 公司透過提供高級、高品質的生鮮食品來樹立其品牌形象，並在消費者心中形成一定的價格預期；B 公司則透過實惠的價格和快速的配送服務來吸引對價格敏感的消費者

品類定位的三個步驟可以幫助企業找到與競爭對手的差異點，從而更能滿足消費者需求，並占據市場優勢。

以下是我為創業者們設計的商業模式評估標準，你可以透過回答以下問題，來測試你的商業模式的強度和潛力。

　　每個問題的答案如果為「是」，得 1 分；「否」則得 0 分。

◆ 你的商業模式是否具有獨特性，能幫助你避開激烈的市場競爭？
◆ 你的商業模式是否易於自我複製，以便快速擴張？
◆ 你的商業模式是否能簡潔明瞭地闡述，使他人易於理解，但難以直接模仿？
◆ 你的商業模式是否能確保企業穩定且可預測地達到營業額和利潤目標？
◆ 你的商業模式是否設計了多元化的收入流，以在同一營運體系下實現多重收益？
◆ 你的商業模式是否吸引了多方利益相關者，從而形成一個共生的商業生態系統？
◆ 你的商業模式是否能保證企業現金流的充足與穩定？
◆ 與同產業相比，你的商業模式是否能夠實現更高的利潤率？

　　根據得分，你可以這樣評估你的商業模式：

　　0～3 分：當前的商業模式面臨挑戰，可能需要進行深度的反思和調整。企業負責人可能會感到壓力和不確定性。

　　4～6 分：商業模式在某些方面表現良好，但仍有改進空間。企業可能面臨一些營運上的挑戰，但整體策略和方向

是正確的。

7～8分：商業模式非常成功，與企業的現狀高度匹配，正在推動企業快速發展。此時，企業應專注於最佳化當前模式，以實現更大的成長。

記住，一個成功的商業模式往往需要經過多次的試錯和調整才能達到完美。

在創業初期，不必過度追求完美，更重要的是確保企業的生存和獲利能力，然後再根據實際情況進行逐步地最佳化和迭代。

讓投資人看到「百倍報酬」的可能

當創業者向投資人展示自己的商業模式時，核心焦點應該是獲利潛力和成長空間。身為投資人，我首要關注的是這個專案未來能帶來多少實質性的報酬。因此，創業者提供的獲利預測，不僅需具有科學依據，還需保持客觀中肯，避免過於保守或誇大其辭，這樣才能真正吸引投資人的目光。

獲利預測通常涵蓋假設條件、預測財務報表及其結果分析三大部分，每一環節都需精心設計。而在這其中，預測財務報表無疑是我最為看重的一環。為了建構一份詳盡的利潤表，企業必須確保其月度、季度，乃至年度的財務狀況一目了然。營業額、成本費用以及毛利率等關鍵數據，都是評估專案獲利能力和投資潛力的重要指標。

透過清晰、準確地展現這些財務數據，創業者不僅能夠增強投資人的信心，還能為自己的專案贏得更多投資機會。

對投資人而言，一個能夠實際執行並產生穩定收益的獲利模式，遠比紙上談兵更有吸引力。雖然專案的獲利預期和理論模型都很重要，但如果不能將這些轉化為實際的收入和利潤，那麼再好的預測也只是空談。投資人需要看到的是實實在在的報酬，而不是僅僅停留在紙面上的美好願景。

近年來，電動車充電設備的建設和營運成為一個熱門領域。以一家新創的充電樁企業為例，它專注於為電動車提供

快速、便捷的充電服務。在新創階段,它就確立了自己的獲利模式:透過在各地熱門地區建設充電樁,並向電動車車主提供收費充電服務來獲利。

然而,僅僅有獲利模式並不夠。在營運初期,它面臨巨大的資金壓力和市場推廣難題。為了實現獲利模式,它積極尋求外部融資,並不斷最佳化充電樁據點的布局和服務品質。同時,還透過與電動車製造商合作,將充電服務整合到車載導航系統中,從而提高了使用者的使用便捷性。

經過一年多的努力,它已經在多個地區成功實行並實現獲利。它的成功,吸引了眾多投資人的關注,也為其他創業者提供了一個將獲利模式從理論轉化為實踐的成功範例。

身為創業者,不僅要設計出有吸引力的獲利模式,更要關注如何將其實行。只有透過實踐檢驗的獲利模式,才能真正吸引投資人的目光,並獲得他們的支持。

不同的企業獲利模式,其執行的難易程度也各不相同。一些企業能夠迅速且順利地實現獲利模式,而有些企業則可能因為對自身獲利模式的難度估計不足,而遭遇困境。為了確保專案的成功實行,並避免不必要的損失,企業應先對自身專案的實施難度有一個合理的評估。

1. 驗證價值主張的有效性

在創業過程中,驗證價值主張是至關重要的。以理髮店為例,要驗證的價值主張可能包括:顧客是否真的願意來店

內理髮？他們是否願意辦會員卡？以及他們是否會成為回頭客？這些都是驗證價值主張的關鍵指標。

創業者應避免陷入「萬事俱備」的陷阱，即過度追求完美而遲遲不行動。比如，不必等到 APP 完全開發完成並經過多次最佳化更新後才推向市場。如果市場回饋不佳，那所有的投入都可能化為烏有。

2. 確保永續地成長

除了驗證價值主張外，還需要驗證成長假設。這意味著，一旦顧客使用了你的產品或服務，他們應該會感到滿意，且能夠吸引更多的新使用者加入，從而保持產品或服務的持續成長。對線下店面來說，高昂的成本使成長問題更為重要。

3. 確立獲利路徑與報酬週期

投資的本質是一門生意，而生意的核心在於獲利。在向投資人展示專案時，創業者必須清晰地闡述自己的獲利模式，以及如何實現獲利的「彎道超車」。投資者往往更看重短期的投資報酬而非技術追求，因此，創業者需要確保自己的專案能夠快速實現獲利，並為投資者帶來可觀的收益。

在確保了獲利模式的順利實行，並經過合理的驗證與成長規劃後，你的專案就已經為未來的成功奠定了堅實的基礎。對投資人來說，這不僅意味著專案的穩健性和永續性，

06　靠什麼賺錢？標準化模式才有未來

更重要的是，它昭示著百倍報酬的巨大潛力。當你的專案在市場上站穩腳跟，並實現持續成長時，那些早期的投入，將會轉化為可觀的收益，為投資人帶來豐厚的報酬。因此，我們堅信，只要創業者能夠認真執行上述策略，並積極應對市場挑戰，未來百倍報酬絕不是遙不可及的夢想，而是觸手可及的現實。

說不清怎麼賺錢，就是最大問題

在自由市場經濟中，一個明確且有力的獲利模式，對任何企業或團隊而言，都是至關重要的。獲利模式不僅僅是描述如何賺錢，它更是一個綜合的商業框架，涵蓋了利潤的實現、獲得及分配等諸多方面。簡而言之，獲利模式就是展示給投資人看，你的企業如何透過有效整合資源來創造和獲取價值。

獲利模式的核心在於確立企業的收入結構、成本結構以及預期的目標利潤。

一個成功的獲利模式需要能清晰地回答以下幾個關鍵問題：產品或服務的成本是多少？預期的收益點在哪裡？收入來源有哪些？以及預期的利潤率是多少？

在新創階段，許多企業的獲利模式可能是自發形成的，隨著企業的發展和市場的變化，這種獲利模式需要不斷地進行調整和最佳化。因此，身為創業者，你需要時刻關注市場動態，靈活調整策略，以確保獲利模式的持續有效性。

當面向投資人展示你的專案時，務必清晰地闡述你的獲利模式。讓投資人了解你的產品或解決方案未來如何創造收入，如何控制成本，以及你預期的利潤水準。這不僅有助於增加投資人對專案的信心，還能讓他們看見投資你的專案可能帶來的豐厚報酬。記住，對投資人來說，一個明確且可行的獲利模式，是他們決定是否投資的重要因素之一。

06 靠什麼賺錢？標準化模式才有未來

不同的企業，獲利模式或許在形式上各異，但它們的核心獲利點是有共通性的，主要可以歸結為以下六大類，詳見圖 6-1 所示。

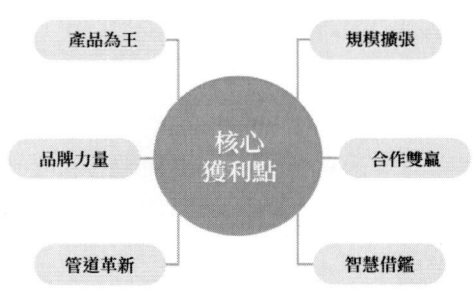

圖 6-1 尋找獲利點

1. 產品為王

優質的產品是滿足客戶需求、創造價值的基礎。透過持續改進產品的品質、滿足使用者需求、提升 CP 值及推動創新，可以有效實現獲利目標。例如，當今的智慧型手機市場，各大品牌透過不斷推出具備新技術和新功能的產品，來吸引消費者。

2. 品牌力量

強大的品牌影響力能夠提升產品的附加價值。對於已經建立起品牌效應的企業，可以透過設定更高的價格，和利用廣泛的受眾基礎，來增加獲利。新創企業雖然一開始可能難以達到這種效果，但透過積極蒐集市場回饋，並據此調整策略，也能逐步建立起自己的品牌。

3. 管道革新

在數位化時代，新興的網路管道正逐漸取代傳統管道。透過減少中間環節，如採用直銷模式或多級分銷商模式，企業可以有效降低成本，從而提高獲利水準。

4. 規模擴張

透過擴大產品規模、實現跨產業發展等策略，企業可以進一步拓展市場占有率，實現銷售利潤的最大化。線上、線下融合、跨界合作等，都是實現規模擴張的有效途徑。

5. 合作雙贏

透過與其他品牌合作，結合各自的賣點，可以達到單獨銷售無法達到的效果，從而實現雙贏。聯名款產品就是這種策略的典型應用，透過結合不同品牌的客戶群體，共同擴大市場占有率。

6. 智慧借鑑

新創企業常常透過借鑑其他產品的優點來快速切入市場。但借鑑並不代表簡單地模仿，而是在借鑑的基礎上融入自己的創新元素，形成獨特的產品魅力。

為了吸引投資人的關注，創業者需要在商業計畫書中清晰、直接地展示自己的獲利模式。這包括從獨特資源、卓越營運、出色行銷及資本運作等多角度，對獲利模式進行深入分析。同時，一個長期的發展計畫，是確保獲利模式持續獲

利的關鍵。沒有這樣的計畫，獲利模式很難實現長期穩定的收益。

　　毫無疑問，一個清晰、明確的獲利模式是至關重要的。它不僅是企業穩定發展的基石，更是吸引投資人目光的磁石。創業者必須能夠清楚地闡述自己的賺錢邏輯，讓投資人看到你的商業計畫具備可行的獲利路徑。記住，說不清楚靠什麼賺錢的模式，從一開始就注定失敗的結局。建構、並不斷最佳化你的獲利模式，才能在激烈的市場競爭中站穩腳跟，贏得投資人的信任與支持。

用業務模式說服資本

一個精心設計的獲利模式,能夠讓你的計畫從「空談」變為「實踐」,從而激發投資人的投資意願。但這只是第一步,接著,你還得想辦法推銷你的業務模式,讓對方「上癮」,堅信把橄欖枝投向你是正確的選擇,唯有加入你這個計畫,才能在市場中分得更大、更多的利潤。

以下是幾種常見的推銷模式,或許其中一種或幾種結合,能為你所用,詳見圖 6-2:

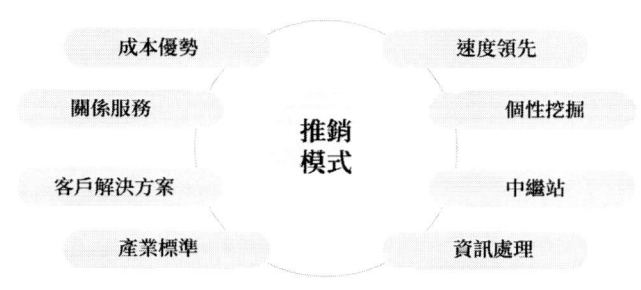

圖 6-2 推銷模式

1. 成本優勢

在數位化時代,成本優勢不再僅僅是簡單的低成本生產。而是透過精益化管理、智慧化技術和高效能供應鏈來降低不必要的浪費,實現成本最佳化。例如,利用物聯網技術對生產過程進行即時監控,減少能源和材料的浪費。

2. 關係服務

關係服務模式是指透過與客戶建立長期、穩定的關係，為企業獲得利潤的獲利模式。在這個足不出戶便知天下事的時代，一切透明化。關係服務模式的核心，除了為客戶提供 CP 值高的產品，更重要的應該是為客戶提供滿意的服務，進而被客戶認可。

如果企業採取這個獲利模式，側重介紹企業與客戶的需求關係、客戶的認可度，進而獲得投資的高機率。關係服務模式就是使用者的認可度越高，獲利越多。

3. 客戶解決方案

客戶解決方案模式就是隨著客戶的需求變化，而不斷提出解決問題方案的獲利模式。在大環境下，不僅要解決客戶的問題，更應該從客戶的角度出發，提前找到他們的需求點。在商業計畫書中，突出企業針對客戶問題而給出的相應解決方案。

4. 產業標準

透過制定企業的產業標準，提升競爭力，進而獲得獲利的模式，就是產業標準模式，比如熱水器中的 AO 史密斯（A. O. Smith）等。當然，在快速發展的時代，產業標準也根據市場需求不斷變化，所以企業也要及時更新產品，確保自己的產品可以一直立足。如果企業採取這種模式，商業計畫書中需要突出自己在產業中的「制高點」。

5. 速度領先

速度領先模式就是透過企業對客戶的敏銳洞察力，做出比其他客戶更快的反應，而建立的獲利模式。在商業計畫書中如果採取這種模式，要把重點放在速度上，展現出企業能準確、敏銳地掌握客戶需求。

6. 個性挖掘

在這個宣揚個性的時代裡，滿足客戶個性化的需求，是很多企業的選擇。個性挖掘模式就是挖掘客戶已有的和潛在的需求，進而提供個性化服務，並獲得獲利的模式。個性挖掘模式的特殊性，就是被挖掘對象要有一定的規模，才有可能建立壁壘，防止後來者居上。商業計畫書中，企業可以根據自己解決的是哪類需求，來確定市場規模，判斷是否達到產業的壁壘。

7. 中繼站

中繼站模式就是讓企業與客戶透過一個平臺（例如快遞產業）連結起來，負責部分溝通，降低雙方成本，節省時間，從而獲得利潤的獲利模式。

在商業計畫書中，企業要突出中繼站的優點，因為中繼站能力越強，客戶滿意度越高，為企業帶來的利益就越多。

8. 資訊處理

資訊處理模式透過技術運用，為客戶提供更精確的解決辦法，一方面降低企業運作成本，提高工作效率；另一方面，為企業搭建一個更大的競爭平臺。但是企業如果使用這種模式，必須有一個強大處理能力的資料庫，確保可以為使用者提供相應的服務。

為掌握市場潛力與消費偏好，我們深入探討了多種有效的業務模式推銷策略。每一種策略都有其獨特的魅力和適用性，關鍵在於創業者能夠洞察市場需求，結合自身優勢，精準定位，並推銷自己的業務模式。透過精心策劃和執行，讓投資人看見你專案的巨大潛力和長遠價值。成功的推銷不僅依賴於技巧和策略，更在於你對業務模式的深刻理解和堅定信念。當你能夠清晰、自信地傳達這一點，便已掌握了影響市場關鍵決策的主導權。

贏在對的新消費與新市場

在當今數位化浪潮中,我們時常聽到「新消費」這個概念,不少傳統企業也正努力向數位化轉型。然而,對於這個變革的真正內涵和影響,許多人仍感到模糊不清。

新消費,其實質是基於行動網路技術所塑造的一種全新生活方式。它並非橫空出世的新概念,而是在技術發展的推動下,逐漸顯現並清晰的一種趨勢。其最顯著的特點在於提供了更為便捷、簡化和有趣的消費體驗。同時,新消費領域變化迅速,深深烙印著時代的特色。

要準確掌握新消費,我們需要從多個角度進行深入剖析。

第一個角度 —— 新消費模式:從線下到線上

傳統的線下消費模式正在向線上遷移,品牌行銷的方式也隨之從傳統媒體轉向社群媒體。這個轉變意味著品牌與消費者之間的互動更加直接和即時。具體展現為:

(1) 數位技術的驅動

在數位時代,品牌行銷不再局限於傳統的「人找貨」模式,而是利用數位技術實現「貨找人」,即根據消費者的瀏覽和購買歷史紀錄,智慧推薦相關產品。

（2）產品形態的演變

產品逐漸從單一的實物形態向數位形態轉變，同時，多情境融合的產品和服務正成為新趨勢，滿足消費者更為多元化和個性化的需求。

（3）大數據的應用

新消費時代，品牌行銷的價值不僅展現在銷售數據上，更重要的是透過大數據洞察消費者的真實需求，從而實現產品和服務的精準訂製。

（4）消費者主權意識的提升

在新消費時代，消費者的需求和偏好日益多樣化。相較於傳統品牌依賴廣告搶占消費者心智的做法，現代品牌更注重消費者對產品和服務的實際體驗和評價。

第二個角度 —— 新消費人群：Z世代引領消費新潮流

在新消費時代，的確需要深入理解和掌握年輕一代新消費族群的消費心理與行為特點，因為他們正逐漸成為消費市場的主力軍。特別是Z世代（通常指1995年以後出生的人），他們的特點在相當程度上塑造了當今的消費趨勢。

Z世代在相對富足的環境中成長，這使他們有更多的資源和機會去追求自己的興趣和熱情。這種富足不僅僅是物質上的，還包括資訊和社群資源的豐富。因此，他們對產品和服務的要求更加個性化和多元化。

愛國情感在Z世代中也非常強烈。他們更加認同和支持國產品牌，這為國貨的崛起提供巨大的市場機會。這種愛國情感也展現在他們的消費選擇上，更傾向於選擇那些能展現本國文化元素和價值觀的品牌和產品。

獨立性是Z世代的另一個顯著特點。他們渴望獨立思考，不願隨波逐流，這在消費行為上表現為更加注重個性化和客製化的產品和服務。他們不希望被簡單地歸類或定義，因此在市場行銷中，需要更加注重個體差異和多元化的需求。

「顏值」在Z世代的消費決策中也占據著重要地位。他們不僅關注產品的功能和實用性，還非常重視產品的外觀設計和包裝。一個美觀、時尚、有設計感的產品，往往更能吸引他們的注意力。

身為創業者，想抓住Z世代消費者，需要從產品設計、品牌形象到行銷策略等各個方面，都充分考量他們的這些特點。例如，可以推出個性化的訂製服務，以滿足他們對獨立性和個性化的追求。

同時，注重產品的外觀設計和包裝，以提升產品的「顏值」，也是吸引Z世代消費者的有效方式。

不僅如此，Z世代的興趣廣泛且多元，包括但不限於音樂、美食、文化娛樂、運動、閱讀、遊戲及藝術等多個領域（詳見表6-3）。

表 6-3 Z 世代廣泛多元的興趣愛好

Z 世代廣泛多元的興趣愛好	
音樂、美食、運動	他們喜歡嘗試各種不同類型的音樂，對美食的追求也很高，短影音和直播等文化娛樂形式深受他們的喜愛。此外，他們還熱愛各種運動，注重身體健康和運動能力，並對閱讀、遊戲和藝術都有濃厚的興趣
新式養生	Z 世代還十分注重養生，對健康的重視程度日益提高，他們嘗試「新式養生」，即在傳統養生方式的基礎上，融合現代人的生活習慣。
懶宅經濟的忠實使用者	Z 世代在日常生活中表現出「懶」和「宅」的特徵，他們樂於享受到府服務和外送服務的便利，以此節省時間並提高效率
二次元文化（ACG、動漫遊戲）的擁護者	他們也是二次元文化的忠實擁護者，熱愛玩手機遊戲、看動漫等，享受精神上的滿足
寵物成「精神寄託」	寵物對 Z 世代來說，不僅是陪伴者，更是重要的「精神寄託」，他們為寵物提供精緻化的照料，包括寵物吃得健康，以及關注寵物出遊、洗澡美容等各個生活細節

第三個角度──新消費趨勢：「宅經濟」的興起與個性化、同溫層化的發展

在當今的新消費時代，我們觀察到一個顯著的趨勢──消費者越來越傾向於「宅」在家中，這個變化催生了「宅經

濟」的崛起，為企業帶來前所未有的挑戰，但同時也孕育著新的機遇。懶、宅的本質是花錢買服務。

資訊科技的迅速發展，使消費者能夠輕鬆獲取巨量資訊。透過網路搜尋、影片直播等多樣化管道，消費者可以快速獲取所需資訊，這個變化大大豐富了消費者的選擇空間，並提升了他們的消費決策能力。

與此同時，社群網路的廣泛普及，為消費者提供了一個便捷的平臺，使他們能夠更容易地找到與自己興趣相投的夥伴，進而形成各種興趣同溫層。這些同溫層不僅加深了消費者之間的情感連結，還為他們提供了一個分享、交流和學習的空間。

在「宅經濟」的背景下，消費結構也發生了顯著變化，消費者越來越呈現出個性化和同溫層化的特點。他們對產品和服務的需求更加多元化和個性化，這要求品牌在行銷過程中更加注重人與人之間的連結與互動。

為了應對這個趨勢，品牌行銷需要從多個方面進行創新。無論是品牌內容的打造、線上活動的策劃、線下門市的體驗，還是購物方式的革新，都應該以提供個性化服務為核心。此外，消費者在購買決策中，不再僅僅關注產品的品質和價格，而是更加注重產品所帶來的社交價值、情感滿足和精神共鳴。

身為創業者,密切關注、並靈活應對「宅經濟」帶來的消費趨勢變化,將有助於在激烈的市場競爭中脫穎而出。

第四個角度——新消費品牌建構:以使用者為核心的品牌生態圈策略

在當今這個數位化時代,企業進行數位化轉型已成為必然趨勢。在這個轉型過程中,我們必須堅持以使用者為中心,積極建構品牌生態圈,進而形成平臺化、生態化的全新商業模式。我們只有跳出買賣產品的角度,才能思考策略。策略是取捨,是次序經濟學,而不僅僅是管理學那麼簡單。

面對新消費模式的挑戰,企業必須轉變傳統的經營模式和服務理念。我們需要透過消費升級和服務升級來不斷提升自身的競爭力,確保在激烈的市場競爭中立於不敗之地。同時,為了更滿足使用者的多元化需求,我們還應積極運用新技術、新材料、新工藝和新裝備,為產品注入更多附加價值和創新元素。

可見,新消費趨勢無疑是企業轉型升級的關鍵驅動力。只有那些能積極適應市場變化、緊跟時代潮流,並勇於創新變革的企業,才能在這個日新月異的商業環境中保持長久的活力和競爭力。

在這個快速變化的時代,新興消費主力軍正在引領市場的風向。身為創業者,我們需要時刻保持敏銳的市場洞察

力,緊跟新興消費主力的步伐,深入理解和掌握他們的需求和偏好。新興消費主力不僅是市場的引領者,更是推動商業模式變革的重要力量。他們的消費習慣、價值觀念和購買決策都在不斷地塑造市場的格局。身為投資人,近幾年也一直都在關注那些能夠敏銳捕捉並滿足新興消費主力需求的創業專案,並樂於給予他們最大的支持。

06　靠什麼賺錢？標準化模式才有未來

07　能否成長，
是你能走多遠的關鍵

在當今瞬息萬變的商業環境中，眾多專案如雨後春筍般湧現，但其中不乏空頭支票，難以持久發展。

身為投資者，我們時刻在尋找那些具有巨大潛力的專案，以期實現長期報酬。在這個過程中，對專案的成長潛力和市場空間進行深入的分析和評估是至關重要的。這不僅關係到我們的投資決策，更直接影響專案未來的發展和產業競爭的格局。

在本章中，我們將探討如何判斷一個專案的成長價值，如何評估其估值防禦力，以及怎樣考察其成長力和指數型成長的可能性。同時，我們也會關注專案是否具備差異化競爭的能力，能否在激烈的市場競爭中脫穎而出，成為某個領域的產業標竿。

專案不能只是喊口號

從某種程度而言，投資就是投未來。而未來的不確定性對投資人而言就是「風險」。

專案唯有具備良好的可成長性，投資才可能成功。儘管投資人的投資標準各異，涵蓋很多內容，但回到投資人考量最多的點，「成長性」始終是核心。

但在投資領域，我們經常會遇到各種說得天花亂墜的專案，它們以宏偉的藍圖和巨大的市場潛力吸引投資者的目光。然而，這些專案究竟能走多遠，是曇花一現，還是能夠持續穩健地發展，成為我們關注的焦點。

那麼，如何評估專案究竟是不是在開空頭支票呢？通常我們會著重關注三個基本面。

企業是由人構成的，無「人」則「止」。

確定一個好專案可以實行後，最終還需要人來執行。而身為專案團隊的管理者，只有將每個團隊成員的工作協調劃一，才能提高專案實行的成功率，你的專案才有資本與外界相競爭。

我遇過的投資者中，很多人大談策略理論、定位行銷，這些在我看來，大多是紙上談兵。新行銷理論不斷，方案和玩法也各式各樣，一旦涉及實行，就會問題不斷，「策劃容

易，實行難」成為大多數創業者的共同難題，只能苦惱自嘆。

我也常常反思，透過多年投資的專案來看，一旦出現專案中一半以上沒有執行到位的情況，管理者就要指出問題，並找到合理的解決方案。然而，檢查專案實行有沒有存在認知和執行力的錯誤，是主要方向之一。

以下幾個技巧，或者說，是我們可以有效提高專案實行成功率的 4 個標準（詳見圖 7-1 所示），希望可以幫助創業者的專案平穩實行，讓你的團隊也能擁有尖端水準。

專案目標清晰	專案精細化到可實際執行
提高實行成功率的 4 個標準	
激發專案執行者的主觀能動性	溝通順暢確保實行順利

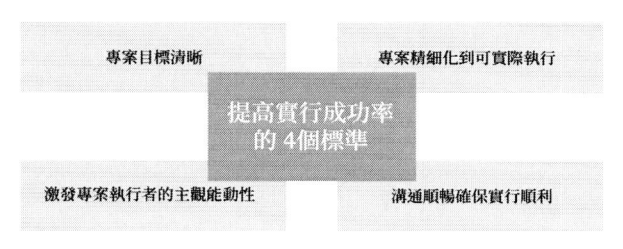

圖 7-1 提高專案實行成功率的 4 個標準

1. 專案目標清晰

很多創業者在推行專案前都會制定計畫，但目標卻是不明確的。

比如競價產業裡，所有競價人員都會將有吸引力的關鍵字進行放量操作，例如目標關鍵字可以定位為「XX 競價培訓」，並將 25 個流量升至 45 個，時間上也有節點，這樣就可以確定形成一個清楚的專案目標。

07 能否成長,是你能走多遠的關鍵

重要的是,這個目標決定了你和下屬在執行過程時執行的品質,所以我們可以根據 SMART 原則去規劃清楚的目標。

S 代表目標的明確性,回到剛才例子中的「提升競價效果」,按照 SMART 原則,那目標就可以制定成「在 10 月分將競價推廣的線索(潛在客戶)成本從 180 元降到 130 元,線索量達到 280 條」。

這樣你就會發現目標是可預估的、明確的,且符合現實情況的,與公司其他的範本相關聯卻還有時限,做過計畫的人應該都懂,這就符合 SMART 原則。

後期工作時,很多工作安排會出現在我們面前,處理的事情也很多,例如短影音平臺、自媒體營運等,身為專業的行銷總監,如果想應徵一個自媒體編輯,這時你會怎樣進行考核呢?

配置任務會影響專案能否順利執行下去,從而得到真正想要的成果,所以在分配任務時,就需要告訴員工:「我們要在 11 月分之前透過自媒體平臺、線上問答平臺,拿到 45 條線索(潛在客戶),且點閱次數達 45 萬」,並詢問員工具體內容該怎麼做。這樣透過詢問,也可以了解員工是否會按照正確的方式進行工作,從而讓員工順利地執行該方案。

一旦我們成為專案的創立者和推行者、管理者,一定不要當口號的施令者,而是要告訴下屬我們需要達到的目標和結果是什麼,讓他自己拆解工作,並判斷能否獲得相應的結

果。身為領導者，你的判斷同樣也需要以結果為依據，因此在制定目標時，一定要具體且詳細。

2. 專案精細化到可實際執行

以往我們做過很多專案計畫，偶爾會出現一些意外情況，從而導致專案沒有辦法順利進行。出現這種情況，是因為我們在做方案時沒有考量到細節，將目標實際執行，分配到具體執行層，所以才會出現意料之外的事情，讓我們慌張、束手無策。

拿我投資過的一個案例來分析，某個專案目標業績是450萬，透過行銷流程來進行一步步分解，自媒體獲取45個線索（潛在客戶），通訊軟體獲取15個線索，SEO獲取25個線索，推廣人員分成「標題、選題和內容撰寫」任務。

當然以上只是一個框架，最終實際執行還需要考量執行員工的實際情況，將專案精細化，把目標具體到執行者。

比如寫一篇文章，選題可能開會討論只需要10分鐘，但找素材卻需要一整天，這涉及很多環節，例如選題、找素材、列大綱、成文、校稿，最終稽核等。衡量應該為他們安排多少任務量、安排這些工作是否飽和、效率是否高？結果可以根據回饋的點閱次數和轉發、分享量進行稽核，效率則可以根據一篇原創文章的創作時間來進行判斷。

相同類型的案例，需要細分到執行層，例如找素材時，

可以判斷他會不會浪費時間，業績達不達標，活動有沒有效果，這些都會失敗在細節上。

而管理者就需要幫助執行者劃分流程，如果執行者沒有及時完成工作，就需要將他們的工作細分到極致，從而找到其中出問題的環節，最後解決問題時，你分解得越精準，解決問題的效果就會越完美。

3. 激發專案執行者的主觀能動性

不管是制定的目標還是細化執行，都無法保證一定會成功，還是會面臨各式各樣的問題，專案的問題越多，越會導致失敗，結果全盤皆輸，那麼就需要管理者充分激發執行人員的能動性，引導員工主動解決問題，其實很多問題出現，執行者自己就能搞定。

大多數員工都只會管好自己的工作，其他的事情抱著事不關己的態度，沒有主動承擔的責任感和工作態度，這也是很多專案出現問題的原因之一。

這時候，管理者就需要激發員工的主觀能動性，不光要把自己部門的事情做好、做完，還需要幫其他部門的忙，可以採用獎懲激勵的制度，或進行團隊建設，這樣就可以加強部門之間的團隊合作能力，促進專案的順利完成。

4. 溝通順暢確保實行順利

在這個方面，也失敗過很多專案，本部門之間有問題，

市場部成交不了，就會抱怨其他部門，找其他部門的原因。剛開始時，推廣部還能接受，積極地修改方案，但進行一段時間後，就會發現根本無法成交，接下來兩個部門會產生衝突。其實遇到問題不要推卸責任，而是要思考如何解決，這時，就需要一個更有裁決的管理者來解決問題，進行有效的溝通即可。

仔細想想，上述 4 個要點你是否達標？投資人雖然希望專案夠創新、創業者有個性，但我們更希望他在真正推行一個專案時，能實行、能堅持、不妥協。

具體而言，有沒有一個有效讓專案成功實行的流程變革管理？

近幾年，流程變革管理的方法論層出不窮，他們都意識到，在專案實施的過程中，只專注專案計畫的實施與管理是不夠的，更需要有效的變革管理方式，這樣不僅能大大提升專案成功施行的機率，還能讓更多專案有效實行。

我遇過一個例子，某公司為達成策略目標，引進高階專案管理人才，成立 POM（流程管理）部門，集中管理公司的專案資源，統籌專案計畫。一段時間後，發現專案經理總是眉頭緊鎖，抱怨連連。因為原先他們獨立管理專案時，能協調好所有事情，而現在要向 POM 匯報專案情況，開會協調、等待決策，不僅浪費時間，又增添很多麻煩。POM 也覺得無法真正掌握專案的具體情況，資源排程不順暢，也無法及時、準確地傳達指令，導致專案進度必然延誤，總是超時或超成本。最

07 能否成長，是你能走多遠的關鍵

後，為了能順利進行，專案的掌控權又交回專案經理手中，令其自行管理，POM 便濃縮成一個沒有實權的擺設部門。

從上述結果分析，不難看出是因為沒有控制好人才，才導致專案無法成功實行。專案是技術、流程和人員的有機組合，專案經理會在時間、範圍、成本等條件限制下推動專案發展。所以爭取到如投資人、客戶、執行組織、發起人或民眾等的大力支持，專案才有成功實行的可能。

總結投資多年的管理經驗，我們在調查數千個企業與專案後發現，越早使用流程管理方法，專案成功實行機率越高。

流程管理（Prosci），這套方法論是由美國的變革管理專家 Prosci 公司提出的理論，該理論認為，專案實行需要技術層面與人員層面相互配合。該理論將變革分為三個階段，首先是準備變革方法及工具，其次是過程中的管理變革，最後是鞏固、維持變革成果。從這三個流程出發，能夠為組織或個人提供一個有效的指引，使專案能夠成功實行。

1. 準備階段 —— 發起能力

建立發起聯盟，負責策略方向的掌控和資源分配能力，主要活動如下：

- 第一步，準備專案評估；
- 第二步，專案風險分析；
- 第三步，專案團隊分析；

- 第四步，專案阻力分析；
- 第五步，制定專案策略；
- 第六步，確認總體策略；
- 第七步，搭建組織架構；
- 第八步，專案團隊建立。

透過發起聯盟的建立，製作出以專案發起人為首的專案發展路線圖，準確辨識團隊成員在專案實施中發揮的最大作用。確保無論何時何地，專案發起人和每個成員都能幫助專案團隊找到最關鍵的溝通對象，達到溝通目的。如此一來，在專案初期，發起人能夠迅速傳達專案期望，讓團隊清楚專案的價值，增加團隊向心力。在專案中期，能迅速掌握專案需求的變化，及時調整前進方向。透過對發起人路線圖的分析，在專案交付前，讓客戶清楚專案實行後的變化，加快專案實行速度，實現專案價值最大化。

2. 實施階段 —— 執行能力

建立並有效執行計畫，推動組織和個人接受變革，主要活動如下：

- 建立主變革管理計畫；
- 整合專案計畫；
- 建立輔導、發起、溝通、培訓等計畫；
- 執行計畫。

專案團隊依照計畫實施的行動能力，稱為專案管理能力。專案實行過程中的每個環節都離不開人。專案在實施階段需要人員溝通，解決問題，控制方向。專案完成後，也需要人員來使用產品，使其價值最大化。而 Prosci 這個方法論分類更加細化，它不僅將專案中的所有相關人員由上到下區分，又對不同角色定義不同的職責，如此大大提高了專案實行的成功率。

3. 鞏固階段 —— 變革能力

確保變革被充分地採納並持續發展，主要活動如下：

◆ 蒐集回饋意見，傾聽員工建議；
◆ 審查「變革後的做事方式」的合規性；
◆ 辨識差距和阻力區域，執行糾正措施；
◆ 慶祝成功；
◆ 像往常一樣轉到「新」業務。

變革管理能力是指變革團隊根據發起人路線，管理整個專案中的變革行為能力。在整個專案程序中，監控 PCT 指標的變化，掌控專案狀態，確保專案順利進行。利用 Prosci 方法論，分析專案大小與類型，進行評估，能夠在專案團隊做專案計畫與策略規劃時給予有效的指引，最終實現專案的安全實行。

在評估專案的潛力時，技術的獨特性和核心競爭力，是我特別關注的面向。這點其實不難理解，好的專案，除了擁

有實行的品牌、高效能的執行團隊和明確的方法論及流程外，還必須具備難以被複製的核心技術。這種技術不一定是多麼尖端的「高科技」，但它必須是專案價值的「護城河」，是確保你在市場中獨樹一幟的關鍵因素。

技術在這裡指的是生產產品的獨特能力，是專案的核心所在。它要回答的問題是：什麼是你能做，而別人做不了的？這種獨特性，正是投資者所看重的，因為它意味著更少的競爭者和更大的市場潛力。

以冷氣產業為例，為什麼消費者能夠僅憑風聲就區分出兩家冷氣品牌？這是因為兩家公司都擁有各自的獨門技術，這些微小的技術差異，最終導致了產品的差異化。這就是核心技術的力量，它使你的產品即便在激烈的市場競爭中，也能脫穎而出。

總結來說，技術在投資專案評估中的重要性不言而喻。一個擁有獨門技術的專案，不僅能在市場中占據有利地位，還能為投資者帶來更大的報酬。因此，當創業者向我展示他們的專案時，我會特別關注他們在技術方面的獨特性和創新點。

喊口號的專案，無論其前景說得多麼誘人，終究難以長久。在創業的道路上，真正能夠穩健前行的，是那些擁有實實在在核心技術的專案。技術，才是推動專案持續發展的不竭動力。而我們投資者在尋找的，不是虛無的承諾，而是能夠落地生根、開花結果的、實實在在的價值。

07　能否成長，是你能走多遠的關鍵

成長價值的「四個正確」評估法

　　成長是價值投資永恆的主題——好比挑選一支好的股票，只有那些具備高成長性的股票，在高收益率方面才有更大的想像空間。

　　比如，微軟（Microsoft）在 20 年間，其營業收入從 1 億美元成長到 400 億美元，從這個案例和數據中，我們深切感受到高成長性的魅力。與此同時，也提醒後來者，在投資人越來越理性的今天，創業專案依然蜂擁而至，而身為創業者，我們憑什麼讓投資人深信你就是成長性最高的那支「潛力股」？

　　專案是人才、資金、技術等各種生產要素的綜合體，在經濟發展新常態下，投資人更看重專案的成長性。實行一個好專案，往往能帶動一條產業鏈形成。

　　而投資人成功扶持一個好專案，往往能帶動一個產業的創新發展。

　　想要精準判斷一個專案是否具有成長性，幾乎是不可能的，但還是有理可依、有跡可循。透過系統的分析，可以相當程度地確定其成長性，同時可以判斷其風險等級。

　　衡量專案的成長性是很複雜的，它是透過多個角度、多個面向來判斷企業未來是否具有成長潛力的綜合性指標。對被投專案而言，創新是本質，成長是結果。考察一個專案的

可成長性，關鍵在於尋找其持續成長的幾大核心能力。投資人往往會從公司的不同角度及成長特徵去觀察，綜合判斷，以相互佐證。

判斷創業者或他手中的專案是否具備投資價值，首先要看他是否做到四個正確：

1. 事正確

做投資，尊重事物的一般發展規律是尤為重要的，一味尋求特殊性是盲目的。投資參考標準中，先事後人和先人後事的爭論眾說紛紜，並無定論。

我個人偏向堅持事為先，人為重的原則，這裡說的「事」，指的是專案本身的潛力和方向。好比現在網路產業就比實體產業的利潤空間高，發展趨勢快，帶動的領域也更廣。這是隨社會發展的需求而顯現出來的客觀事實。

在我們實際投資中，一個好的專案要考量產品或服務與使用者的供需關係、市場的發展空間、領域未來的發展趨勢、法律法規的相關要求、對公司估值的影響……等多方面因素，因此我認為應遵循先事後人的邏輯，先確立企業事的正確，再挑選與該事匹配的人。

2. 人正確

任何企業發展的過程中，人決定企業的成敗，尤其是產業本就有優劣之別的時候，人的因素就產生了區分優劣的作用。

07　能否成長，是你能走多遠的關鍵

創業團隊和創業者要對所從事的產業有足夠認知及豐富的知識累積，需要掌握營運管理的方式和方法，並能實際應用。此外，最重要的一點是，要有誠信、有擔當。暢銷書《基業長青》(*Built to Last: Successful Habits of Visionary Companies*) 的作者──美國管理大師詹姆・柯林斯 (James C. Collins)，在史丹佛大學授課期間，與賈伯斯建立深厚的友誼，他是這樣形容賈伯斯的：

「生命在於重生和成長。大部分偉大的領袖並非天縱英才，而是一個成長的過程。在史蒂夫身上，我看到的不是一個成功故事，而是一個成長的故事。」

賈伯斯不是隨手就能寫出一行程式碼的工程師；甚至沒有 MBA 學位，更不是傳統意義上的產品經理／專案經理。但賈伯斯是成功的。他把瀕臨破產的蘋果公司，變成了世界上最賺錢、市值最高的科技公司。儘管他已離我們遠去，但在世人心中，賈伯斯依然是最偉大的夢想家。他的過人之處不僅在於他強大的創新能力，還包括他的行銷能力，每逢發布會結束後，其演講影片都會瘋傳，引得大批果粉主動追隨。或許賈伯斯的個人魅力和高成長性是無法複製的，但他留下的「精神圖騰」，值得所有後來者學習與反思。

3. 方式正確

同一件事情，不同的公司，處理的方式也不一樣，不同的人看待問題的角度也會有所不同。同樣，不同公司營運的

方式、利益分配、組織結構、與合作夥伴的關係等諸多方面，也會有明顯差異。

做事方式的差異，也會導致結果的千差萬別，投資人要盡可能找到最高效能的方式，把事情做對。

一個專案好比一棵大樹，在我們的精心呵護下，成長為參天大樹，然後開枝散葉、播撒種子，繁衍出一片森林，長出更多的大樹。

因此，在重大專案建設全力推進的同時，依託主力資源帶動延伸產業鏈，實現產業由小到大，由大轉強的過程。以大專案推動、引領相關的小專案，聚合推動經濟發展的巨大能量。

4. 時機正確

機不可失、時不再來，抓住時機，迎難而上，方能時勢造英雄。真正的創業，像一場看不見硝煙的戰爭，行軍打仗講究天時、地利、人和，創業也如此。天時、地利、人和的有效結合，為原本荊棘密布的創業道路，增添了幾分勝算。

無論什麼領域，在一個合適的時間點，一個能配合、有執行能力的團隊，準確切入到有供需關係的領域，然後按照合理的模式，去做一件有獲利空間、未來有潛力，又合法、合規的事情，投資人就不會輕易將你拒之門外。

此外，還有一種情況需要注意：當你的賽道已湧現出處於融資後期，乃至即將 IPO（首次公開募股、首次公開發行）

的專案時,務必審慎行事,深入探究資本市場的黃金窗口是否已經悄然關閉。

為此,我們精心設計了一款評估利器——專案賽跑圖譜(詳見表 7-1)。利用此圖譜,大家可以系統地將市場上的直接競爭對手悉數羅列,逐一填入其中,確保自己不會在無意識中錯失寶貴的資本機遇。

表 7-1 專案賽跑圖譜

專案賽跑圖譜		
	對手所在輪次	競爭對手名單
競爭清單	種子／天使輪	如專案名稱(估計,成立時間等),若沒有則填「無」
	A 輪	
	B 輪	
	C 輪 -Pre IPO 輪	
	已上市公司	
其他清單	已陣亡專案	如專案名稱(成立時間、關閉時間、融資額等)
	國外市場	
競爭力	核心競爭力	核心競爭力、壁壘等(快速融資的規模、團隊的線下推廣能力等)

如何判斷你的估值是否合理

當考慮投資某個專案或企業時，對其進行合理的估值是至關重要的。估值不僅僅是一個數字遊戲，它涉及對專案或企業未來獲利能力的預測、市場競爭環境的分析，以及潛在風險的評估。而初級市場可以分為早期、中期、PE 階段，每一個階段都有不同的估值方法。

專案的最終目的都是希望上市，且在公開市場上進行交易。不同市場對自己的公開定價都有不同的定價策略，例如 B 股，更多是以客戶需求為主要參考。

當然這些反過來，也影響非公開市場的估值評判。

估值更多的是對專案的理性考量，而市場永遠是非理性的。

影響估值過高的因素有很多，其中一個因素是供需關係。像 AI、無人駕駛等產業，這些產業之所以昂貴，就是因其稀少、短缺性，決定了它的內在邏輯，想投資的人太多，導致價格越來越高。另一個因素則是泡沫，比如企業在早期輪次溢價拿了很多錢，卻未斟酌之後能不能一輪一輪繼續支撐下去。

面對未來不確定性，合理估值判斷尤為重要。合理的估值並非憑空而來，而是基於企業的品牌歷史、市場地位、發

展潛力等多方面因素的綜合考量。在資本化道路上,每一次調整都為企業的未來發展奠定更堅實的基礎。

合理估值判斷對應對未來不確定性非常重要,企業需要根據自身實際情況和市場環境進行合理估值,以制定合理的發展策略和決策。同時,政府和社會各界的支持,也是企業應對未來不確定性的重要保障。

投資人在早期估值時,因為每個專案都不一樣,更需要靠經驗和商業談判。例如,在首輪融資,創業者需要明白的並不是估值本身,而是想要將業務發展到下一個里程碑,究竟需要多少錢。這時,我們要對合理的股權比例有一個判斷,一般在 10%～30%,只有這樣,我們的估值結果才會更合理。

在經濟學上,企業的估值是最難的問題之一,就現在而言,沒有一個企業的估值會在全世界得到統一認可。即使沒有相同的方法,但還是有一些技巧,以下我為大家介紹三種估值方式。

1. 驗證法

第一種方式就是用完成商業模式的資金數來進行估值。在創業初期,未來會出現很多不確定性,所以估值並不能完全反映出公司的真正價值,它只能展現投資人用資金交換的股權,也容易出現貼現,也就是說,有還價的可能性,最後

需要雙方共同進行確定。所以匯入期的企業,不用在乎現在的價值,主要考量企業客戶數、團隊價值、商業模式,這才是價值評估的關鍵。

2. 類比法

如果你的創業項目在市場上有同類公司,你可以參考一下市場價值,參考此類項目的估值融資情況。例如,你在做內容創業,你可以上網搜尋主營業務相似的公司了解情況,對比交易倍數,也就是參考別人做專案時數據與金錢的對比。

你也可以直接參考公開透明的投資公司,像天使輪、A輪、B輪、各種輪次的專案,還有股權投資平臺,上面集中了很多網路專案,這些都值得參考,和自己的作對比。接著比較他們的計畫書,再分析它的融資金額和股份釋放比例,你的專案估值應該就會有些眉目了。

3. 調查研究法

調查研究法就是用供需關係來確定估值。公司的估值大多數都是由投融資雙方協商確定,最後怎麼評估這個初期專案,由雙方決定,俗話說「一個願打,一個願挨」。舉個例子,某專案在 A 公司看起來一文不值,而在 B 公司卻是不可缺少的專案,這樣就完全不同了。所以在估值之前,要對其分析了解,確定該投資機構是否需要。估值之前,要提前調

查該投資公司,如果有過相關產業的領域最好。選錯投資機構,不僅浪費時間精力,也會得到錯誤的資訊。

　　合理估值判斷是投資決策中不可或缺的一環,它不僅是對企業當前價值的評估,更是對未來不確定性的應對和準備。在快速變化的市場環境中,企業需要不斷適應和調整,而合理的估值,能夠為我們提供一個參考框架,幫助我們更能預測和應對這些變化,以便更加明智地做出投資決策,從而為未來的成長和成功奠定堅實基礎。因此,掌握合理估值判斷的方法論,對每一個尋求長期報酬的投資者來說,都是至關重要的。

用數據看懂成長空間與潛力

在網路浪潮的推動下，新創企業如雨後春筍般湧現，它們帶著創新的產品和專案，意圖在激烈的市場競爭中脫穎而出。然而，對投資人來說，選擇投資哪個企業，並非只看眼前的熱鬧，更關注的是這個企業未來的成長空間。

成長空間，簡而言之，就是企業或專案在未來能夠發展壯大的潛力。一個具有廣闊成長空間的企業，往往能夠吸引更多資本和資源，從而實現更快速的發展。那麼，如何判斷一個企業的成長空間呢？

首先，要關注企業所處的市場環境。一個充滿活力和成長潛力的市場，往往能夠為企業提供更多發展機會。因此，創業者需要深入研究市場的成長空間，了解市場的總量、成長率以及市場存量等關鍵指標。

其次，要分析企業所在產業的成長趨勢。一個處於上升趨勢的產業，往往能夠帶動其中的企業快速發展。透過了解產業的最近市場成長率，可以初步判斷該產業的未來發展前景。

再者，創業者需要了解自己進入的市場總量有多大。一個龐大的市場總量，意味著更多的潛在客戶和更大的發展空間。因此，選擇一個具有足夠市場總量的領域進行創業，是

確保企業未來成長空間的重要前提。

最後,創業者還需要思考驅動企業成長的核心因素是什麼。這些因素可能包括技術創新、市場需求、政策支持等。只有確定了成長驅動力,才更能制定發展策略,確保企業在未來能夠持續穩健地成長。

只有全面評估企業的成長空間,才能讓投資人看到希望,並願意為企業的未來發展投入更多的資本和資源。

可成長空間的剖析 —— 成長潛力與市場廣度

當探討一個專案的可成長空間時,實際上是在探究其「成長潛力」與「市場廣度」。為了更具體地分析這兩個要素,我會結合以下幾個關鍵點,進行深入探討(詳見表 7-2)。

表 7-2 判斷可成長性的幾個關鍵

判斷可成長性的幾個關鍵	
專案定位與核心業務	你的專案或產品主要服務於哪個產業或領域?例如,是否專注於某一特定產業及其與網路的結合應用,核心是否在於提供某種特定的產品或服務
目標使用者群體	你的專案或產品主要吸引哪些使用者?比如,你的主要使用者群是否是有特定需求或興趣的消費者
使用者價值主張	你的專案或產品能為使用者帶來哪些實際價值?能否舉例說明你如何為使用者提供高品質的產品、便捷的購物體驗或其他形式的增值服務
創新點與差異化	你的專案或產品有哪些獨特的創新點?是大眾消費中的新體驗、高階客製化服務,還是透過廣告吸引等策略實現的差異化競爭
獲利模式與銷售策略	你的專案或產品如何實現獲利?是否結合了線上線下的銷售模式,比如透過實體店與線上平臺的融合,打造 O2O 的全方位服務體驗

07　能否成長，是你能走多遠的關鍵

　　在分析以上問題時，確保所引用的資訊客觀、準確，且來源可靠。資料的真實性和可信度，對評估專案的成長空間至關重要。

　　說實話，身為投資者，我希望看到的是一個有明確市場需求、創新點突出，且獲利模式清楚的專案。你需要展現出你的企業不僅有能力滿足未來市場的需求，還具備持續成長的潛力。如果不能清晰地展現這些優勢，那對投資者而言，可能還不如去買基金或股票等其他投資。

指數型成長才是真正的護城河

在當今這個日新月異的時代，真正能夠拉開企業與競爭者差距的，不僅僅是資金、技術或人才，更重要的是一種全新的思維方式——指數型思維。這種思維方式正在逐漸改變我們對商業世界的認知。

指數型思維，是以非線性、倍數成長的方式來思考問題。這與傳統的線性思維方式截然不同。為了更容易理解這個概念，我們可以從指數型組織說起。

指數型組織是那些能夠運用高速發展的技術，展現影響力或產出大幅成長的組織。這種成長往往遠超同行，甚至可以達 10 倍以上的速度。這種組織的成長性，就如同摩爾定律一樣令人驚嘆，即積體電路上的電晶體數量每隔 18 個月就會翻一倍。這些組織也常被稱為「獨角獸企業」，指的是那些估值超過 10 億美元的創業公司。它們的成長不僅僅是線性的，而是呈現出一種爆炸性的態勢。

現在，讓我們透過一個簡單的例子來進一步理解指數型思維。

假設有一批新凳子需要搬運到指定地點，每次只能搬一個。搬運工可以選擇兩種付款方式：第一種是每次搬運獲得固定的 100 元報酬；第二種是第一次 1 元，第二次 2 元，第

三次 4 元……以此類推,每次的報酬都是前一次的兩倍。如果搬運工需要搬運 10 次,他會選擇哪種方式呢?

乍看之下,第一種方式似乎更誘人,因為每次都有固定的 100 元收入。然而,仔細計算後會發現,第二種方式的總收入,在搬運次數增加時,會迅速超過第一種方式。當搬運次數達 20 次或 30 次時,第二種方式的收入將遠超第一種方式,甚至達到一個數量級以上的差距。

指數型思維,它不僅僅是一種思考模式,更是一種能引領劃時代變革的力量。它讓企業和專案能夠在短時間內實現爆發式的成長,而這種成長,往往超越傳統的線性模式,呈現出爆炸性的態勢。

正因如此,指數型組織所代表的,不僅僅是技術和商業模式的創新,更是一種全新的思維方式。這種思維方式,讓組織能夠迅速適應變化,抓住機遇,實現快速成長。

身為投資人,我們在評估一個專案及其背後的組織時,我會特別關注它們是否具備這種思維方式。因為只有具備指數型思維的企業和專案,才有可能實現持續性的高成長。這也是為什麼越來越多投資人開始重視並應用指數型思維來判斷專案的潛力和成長性的原因。

無論我們從事什麼樣的產業,我在社會中扮演什麼樣的角色,我們都需要在這個指數型時代思考以下問題:

- 高速發展的時代，個人和組織如何發掘自己新的競爭優勢？
- 指數型時代，如何實現個人和組織的高速發展？
- 我們如何實現指數級的成長，實現自己的小目標？

實際上，指數型思維就是要我們形成新的指數型思考方法，然後採用指數型的行為習慣，關注跟我們產業相關的新型技術，一起實現企業和產業在新時代中的變革。

指數型思維的時代已經來臨，這個時代不會在意我們願不願意接受，如果我們不顛覆自己，我們就會被這個時代所顛覆。

在高科技產業有一句話：「如果一個產品的開發週期，大於或等於它的生命週期，這將是它一個致命的弱點」。尤其在數位化浪潮洶湧的今天，企業的效率直接關係到其競爭優勢。效率之戰，已成為企業間較量的核心領域。

據統計，美國企業眾多，但真正達到顯著收入規模的卻寥寥無幾，真正能夠實現高速成長的獨角獸企業，也僅占極少數。

那麼，那些能夠實現指數級成長的企業，它們究竟具備哪些核心特徵呢？

1. 勇於革新，不懼變革之痛

以傑克‧威爾許（Jack Welch）為例，這位被譽為「全球第一 CEO」的商業巨匠，在短短 20 年內，使奇異（General

07 能否成長，是你能走多遠的關鍵

Electric Company）的市值飆升 30 多倍。他的成功祕訣之一，就是勇於變革。

威爾許曾明確表示：「要始終相信變革是正向的，不要因為害怕失控而夜不能寐。變革帶來的是無盡的新機遇。」

在威爾許的領導下，奇異進行了一系列大刀闊斧的改革。即便是在公司獲利的情況下，他依然果斷地砍掉了競爭力不強的產品線，如家電業務，因為他敏銳地察覺到來自亞洲的激烈競爭。

面對內部和外部的質疑與阻力，威爾許堅持認為，只有從事真正有前景的產業，並在效率、成本和全球化方面做到領先，才能確保企業的長遠發展。

這種勇於拋棄成規、面對現實，並立即行動的精神，是指數級成長企業的共同特質。它們不畏懼變革帶來的陣痛，因為深知只有不斷適應和進化，才能在競爭激烈的市場中，立於不敗之地。

2. 機制驅動下的指數級成長

在網路的浪潮中，創新是引領企業指數級成長的關鍵動力。在這個日新月異的時代，「冗餘」和「消耗」已不再是創新的絆腳石，相反，抓住稍縱即逝的機遇，變得尤為重要。那麼，「如何持續激發並保持創新活力」，進而推動企業的快速成長呢？這無疑是每個創業者都需要深入思考的問題。現

在，讓我們一起探討某跨國控股 T 公司是如何透過獨特的機制建設，點燃創新之火，從而實現其指數級成長的。

T 公司的組織結構和營運機制，在業界堪稱獨樹一幟。其內部的良性競爭機制，還成功引領了眾多網路企業的創新潮流。這種機制，使 T 公司在過去 20 多年的發展中，每當遭遇挑戰或瓶頸時，總有傑出的團隊能挺身而出，引領公司跨越難關，實現新的突破。

當前，扁平化管理已成為新興企業的熱門選擇，目的是激發基層員工的創新潛能。然而，如何有效地引導和利用這些基層的創新資源，卻是一個巨大的挑戰。

在開放式的創新環境中，基層創新很容易迷失方向，面臨創意氾濫和責任推諉兩大風險。

T 公司則透過實施「誰提出，誰負責」的策略，巧妙地解決了這個問題。這個策略不僅確保了創意的提出者對其負責，還促進了創意與實施的緊密結合。

為了專案的迅速推進，該專案會直接在市場部建立方案，由提出者負責，從而推動 T 公司的商業化程序。這種責任機制，確保了創新的持續性和實效性，為 T 公司的指數級成長奠定了堅實的基礎。

T 公司透過獨特的機制，成功點燃創新的火花，為其他創業者提供寶貴的經驗。在追求創新的道路上，建立有效的

07 能否成長，是你能走多遠的關鍵

機制是至關重要的，它不僅能激發員工的創新活力，還能確保創新的持續性和實效性，從而推動企業實現快速成長。

3. 效率至上：打造高效能團隊，驅動指數級成長

企業的成功離不開高效能的團隊，而高效能的團隊則是由優秀的人才組成的。只有當企業平臺與人才的職業基因相匹配時，才能發揮出最大的效能，推動企業實現指數級成長。

賈伯斯曾說過：「一個優秀的人才能抵 50 個平庸之人。」這句話深刻地揭示了優秀人才對企業的重要性。如果企業中平庸之人過多，不僅會降低整體效率，還可能導致優秀人才的流失。相反，當企業中優秀人才聚集，他們會相互激勵、共同學習，形成正向的循環，從而推動企業快速發展。

在打造高效能團隊的過程中，網飛公司（Netflix）的做法值得借鑑。他們堅持「只聘用成年人」的選人標準，這裡的「成年人」，指的是那些渴望成功、具有獨立性的人才。這樣的人才能夠主動承擔責任，以專業的態度去思考問題，而不是推諉、找藉口。

為了匹配「成年人」的思維方式，網飛公司還設定了一系列的管理制度。他們取消了固定的休假制度，允許員工在合理安排工作的前提下自由休假；同時，也取消了報帳制度和差旅政策，給予員工充分的信任和自由。這些做法，不僅提

高了員工的工作效率，還激發了他們的工作熱情。

透過借鑑網飛等成功企業的經驗，創業者可以最佳化團隊結構，提升團隊效率，從而推動企業實現快速成長。在這個過程中，選拔優秀人才、建立匹配的管理制度是關鍵。只有這樣，我們才能打造一個真正高效能的團隊，為企業的長遠發展奠定堅實基礎。

我相信，未來會有越來越多的投資者開始意識到，線性成長模式已無法滿足他們對高報酬和長期價值的追求。真正能拉開投資報酬差距的，是指數型思維。而具備指數型思維的企業，傾向於進行顛覆性創新，打破產業規則，從而獲取更大的市場占有率和競爭優勢，在抓住新興市場機遇的同時，為我們投資者帶來更大的成長潛力。

07　能否成長，是你能走多遠的關鍵

08　靠團隊讓人安心，
投資才會發生

　　偉大的專案往往源於一個出色的創意，但要將其轉化為現實，則需要一支能夠高效能執行、共同面對挑戰的團隊。

　　一個可靠的團隊，能夠讓投資人對專案的未來充滿信心，因為他們相信，這樣的團隊有能力應對各種困難和挑戰，將創業的理念轉化為實際的商業價值。

　　在本章中，我們將深入探討如何組建一個可靠的團隊，如何找到那些與你志同道合、能夠共同奮鬥的事業合夥人。

　　我們會討論如何快速辨識團隊中的高效能成員，如何透過資訊來評估團隊的效率，並發現每個成員的優勢，讓他們明白自己在團隊中的不可替代性。

　　同時，我們也將探討在組建團隊過程中需要進行的適當取捨，明白哪些人適合團隊，哪些人可能不適合。因為，一個傑出的團隊不僅僅是人數的堆砌，更是能力的互補和協同。

　　無論何時，只有可靠的團隊，才能駕馭偉大的專案，共創輝煌的未來。

投資即投人，團隊才是最大資產

投資即投人，看似簡單的一句話，深刻地揭示了投資活動中的核心要素——人。無論是投資股票、債券，還是房地產，甚至是新創企業，投資人的最終決策，往往基於對背後團隊或管理階層的信任和判斷。

在新創企業投資中，這一點尤為明顯。一個好的商業模式或創新技術固然重要，但如果沒有一個強大、可靠的團隊去執行，那再好的商業模式也只是空中樓閣。投資人深知，傑出的團隊能夠應對各種挑戰，掌握市場機遇，將創意轉化為實際的商業價值。

在評估一個專案時，我們會著重考察團隊成員的背景、經驗、技能和執行力。他們希望看到的是一群有熱情、有才華、有合作精神的人，這樣的人組成的團隊，更有可能創造出令人矚目的成功。

同時，「投資即投人」也意味著投資人需要與被投資者建立長期的信任和合作關係。這種信任不僅基於對團隊能力的認可，還基於對團隊品格和價值觀的認同。只有當投資人相信團隊能夠堅守承諾，持續努力，他們才會放心地投入資金，期待未來的報酬。

一個創業專案有各種成功的可能性，但無論是從平均值來看，還是從經驗與概念來說，一個理想的團隊，要有 2～

3 人，或者是 3～4 人。

在創業這片充滿未知與挑戰的海域中，無數夢想者揚帆起航，但能夠抵達成功彼岸的，往往是那些懂得團結合作的艦隊，而非孤軍奮戰的獨木舟。

創業路上，擁有一個互補性強、目標一致的團隊，比任何單打獨鬥都來得更為重要。團隊的成功，離不開每位創辦人獨特的才能和優勢，更離不開他們之間無縫的配合與默契。大家各展所長，技術背景與個人能力相輔相成，就會形成完美的團隊互補。

團隊的構成，展現出理想的配置：有策略眼光的領導者、技術核心的驅動者，以及實施的執行者。成員之間的合作，不僅彌補了各自領域的缺點，更激發了團隊整體的創造力和戰鬥力。

如果一個團隊裡只有一個 CEO，顧得了「外面」，就顧不了「家裡」，就算這個人再怎麼能幹也是徒勞。投資人通常都會特別關注 CEO 背後團隊的力量是否足夠支撐起一個好專案。

多數專案的營運團隊需要一個核心人員，這不僅是企業的靈魂，同樣和股權設計捆綁在一起。平分股權對創業企業來說，是最不好的股權設計方法。

股權分得多的那個人，在創業時要付出更多的努力，關鍵

08　靠團隊讓人安心，投資才會發生

時刻能夠有決策權，作得了主，成功的時候享受多，困難的時候也要作最困難的決定，大家最後要擁護、服從，並支持。

創業就如同軍隊，必須有長官。所有人都要根據長官的決定開展行動，有些時候已經無關乎對錯，關鍵在於有沒有快速、果斷的決策。

一個企業要真正長大，必須有一個核心，且圍繞著這個核心，要有能具備生產、銷售、供應、研發這幾方面的功能，這樣企業就不愁發展了。

所謂投資，不是投給一個人，更不是創造一個專案，而是透過投資專案創造一個商業組織。一個人不能搞定所有的事情，要考量整個團隊是否可靠。無論是一個企業，還是一個專案的成立，都是不容易的，投資人的商業邏輯一定要清晰，去投資可靠的團隊。

如今，投資人拿到商業計畫書，通常會先看一眼團隊的介紹，接著會在腦子裡思考以下幾個問題：

- ◆ 這個團隊是兼職還是全職？
- ◆ 這個團隊創辦人的背景和從業經歷？
- ◆ 這個團隊的組合適不適合做這個專案？
- ◆ 這個團隊的分工如何？團隊裡是否有在某些領域特別擅長的人？

實際上就是看這個團隊配置是否完善，分工是否細化，是否有做好現階段專案的能力。

專案負責人在介紹專案時，經常出現如下失誤：

1. 無用、無效資訊頻現

創業者容易犯一種錯誤，就是認為專案介紹越多越好，恨不得從幼稚園到現在所有能表現自己能力的事情都敘述一遍，所以經常會出現創業者把自己的經歷洋洋灑灑打了好幾百字腹稿，堪稱鴻篇巨帙。但問題隨之而來，這些經歷是否與你現在做的事情有關聯？其實多數資訊都是無效的。

2. 虛假資訊：兼職 or 全職

有些創業者在團隊介紹時，會把一些顧問或兼職人員放到核心成員裡一併介紹，且不明確說明其身分和職能。創業者希望向投資人突出自己團隊的優點，營造一種非常專業的感覺。

但業內人士都懂，顧問跟團隊核心根本沒什麼關係，他的作用極其微小。再說，有很強投機性質的兼職，根本沒下定決心追隨企業，也就是你有融資，我就做，沒拿到融資，就兼職。所以投資人會對此類描述十分敏感，會提高警覺。

創業者的 BF 裡含有這種虛假成分，投資人會對創業者的印象大打折扣，進而影響後續的配合與合作。

3. 突出背景，忽略業績

時代在改變，幾年前在科技巨頭門口等個人就能拿到 300 萬，而如今，即使在 BF 中描述曾在科技巨頭上班過的背景，投資人仍然會有很多疑問，比如：到底做得怎麼樣？離職是不是被開除的？到底是什麼職位？

對創業者來說，應該「突顯過往業績」、「據實描述」、「強調方向能力匹配」、「突顯團隊分工合理」。投資人希望看到的 BF 中，要擁有「全職創業」、「合理搭配」、「方向匹配」、「能力中上」的團隊。

當然創業者也會面臨一些問題，比如到底去哪裡才能找到好的合夥人？現在團隊裡都是魯蛇，怎麼辦？

投資人對團隊的考量，要加上時間與空間的角度。你的團隊只要能夠適應現階段的發展，有堅定的創業精神、共同的發展目標，能夠互相學習、共同進步，推動公司的發展，即便你帶的是魯蛇團隊，投資人也會心動。隨著公司的發展壯大，也要適時地考量合夥人是否有能力跟上公司的腳步，如果跟不上公司的發展節奏，就要物色新的合夥人。

團隊也不要盲目跟風，比如請一個賣書的團隊去做機器人專案，這就不符合其團隊發展的規律。產業門檻高、團隊的能力與創業方向偏差太大，團隊都被擋在門檻外了，就不要做無謂的掙扎。

怎樣才能找到好的合夥人？這就關乎創業者本人，他是否有劉備三顧茅廬的求賢精神和資源半徑。各種線上交流平臺都是很好的線上管道，不同的活動、以各自名義舉辦的高峰會、論壇及聚會等，也都是不錯的線下管道。

有些人一定會與你志同道合，有契合的觀點、共同的目標與方向。這些人就適合與現階段的你組建最理想的團隊。但是，怎麼才能把他們挖到你的身邊，收其心、謀大計，這就是另一門藝術了！

08　靠團隊讓人安心，投資才會發生

找對人，比找對點子更重要

我常聽身邊的企業家朋友說：「好專案是成功的一半」。這樣說沒有錯，但卻忽略了另一個重要條件——合夥人！

在知識經濟的猛烈衝擊下，知識資本的力量，驅動企業實現新一輪成長，同時掌握知識資本的高階人才，亦不再滿足於為他人作嫁衣，賺取工作薪酬。他們更注重依託更龐大、有力的資本力量，來實現自我更高的價值。於是，僱傭時代漸漸成為歷史，合夥人時代已經來臨。

對投資人而言，找到一個可靠的合夥人，比找到十個好專案要難得多！

十個好專案，不如一個貼心合夥人。

生意場上最關鍵的一步，就是懂得如何找到一個好的合夥人。

那麼，誰才是適合自己的合夥人呢？

細節可以暴露一個人的內心，往往最不會騙人。不信的話，可以用以下標準去衡量一番，詳見圖8-1。

找對人，比找對點子更重要

```
才能高，人品更高的人 ─┐                    ┌─ 出手大方的人
遇到挫折懂得自我調節的人 ─┤   誰才是     ├─ 善於言詞，表達能力強的人
                    ├ 適合自己 ┤
失敗後善於總結經驗的人 ─┤   的合夥人   ├─ 說話坦白，不喜歡拐彎抹角的人
做決定後積極行動的人 ─┘                    └─ 能和我們優勢互補的人
```

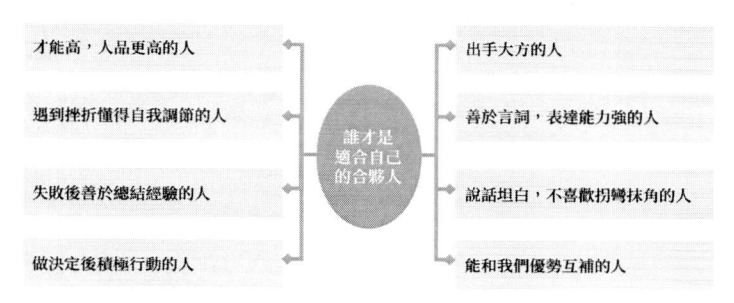

圖 8-1 適合自己的合夥人

1. 才能高，人品更高的人

投資人一定會考察合夥人的才能，最重要的是合夥人的人品。有些人能力很強，但人品很差，對我們自身的威脅會很大，所以堅決拒絕這類型的人加入自己的團隊。

無一技之長的人同樣不可取，這樣的人不僅無法幫自己完成什麼事，還會在最關鍵時刻成為累贅。如果累贅再加上人品有問題，那無疑就是火上加油。因此，人品成為投資人選擇合夥人時最重要的考核，在人品好的基礎上，再考慮才能。

2. 遇到挫折懂得自我調節的人

在逆境時懂得為自己找出路，在順境時能為自己找退路，這種做法是可靠、成熟的表現。志向遠大的人，是投資人理想的合作夥伴。

3. 失敗後善於總結經驗的人

這種人懂得從細節出發，學習能力強，能夠在所有人身上學習優點，並有所總結和感悟，懂得舉一反三。投資人與

這種人合作的最大好處，就是能學到東西。更重要的是，他們謙虛。往往這種謙虛的人，才能獲得最後的成功。

4. 做決定後積極行動的人

這種人勇於實踐，他們堅信只有行動才會有結果；行動不一樣，結果就會不一樣；做了以後沒有結果，等於沒有做；知道卻不去做，等於不知道；不犯錯就一定會錯，因為不犯錯的人，一定沒有嘗試；錯了沒關係，一定要及時總結，然後再嘗試去做，直到正確的結果出來為止。另外，這種人勇敢、果斷，投資人與他們合作，會受其感染而變得更優秀，所以如果你有點優柔寡斷，那這種合作夥伴就是不二選擇。

5. 出手大方的人

這種人捨得付出，不吝嗇金錢，這種豪爽，對投資人很有幫助。與此同時，你也要表現得大方。因為沒有奉獻精神，是不可能創業成功的。另外，這種人最討厭小肚雞腸類的人，所以一定要懂得先付出才能有收穫的道理，更要用行動讓別人知道，你是物超所值的，別人才會開更高的價碼。

6. 善於言詞，表達能力強的人

這種人善於溝通，溝通無極限是一種態度，而非一種技巧。良好的合作關係，要耐心的溝通，有共同的願景、共同成長，非一日可以得來。與這種人合作的好處，是通常不會因交流不暢而造成誤會。

企業是利益共同體，是一件嚴肅、認真的事情，雙方都有責任去積極、主動溝通。

謙虛是傳統文化，通常有話說三分，因此溝通的空間還很大。

7. 說話坦白，不喜歡拐彎抹角的人

這種人誠懇大方，是最理想的合作夥伴。因為每個投資人都有不同的立場，所以不可能要求所有人步調完全一致。誠信才是合作最好的基石，遇到任何問題，大家都要開誠布公地說清楚。

8. 能和我們優勢互補的人

如果你不擅於管理團隊，你要找的合夥人就要擅於管理團隊，這樣能發揮合夥人的所有優勢。其實團隊裡每個人都很強，不見得是一個最好的團隊，但能夠實現優勢互補的團隊，才是最完美的組合。

大多時候，投資人都有很多種選擇，選擇越多、誘惑越多，更要認清情勢，合乎自身需求的，才是最適合自己的合作夥伴。投資人想要快速獲得創業的成功，一定要找對合作夥伴，實現真正意義的「有錢大家賺」。

另外，根據大量合夥經營的案例分析，有以下三種類型的人，是投資人不願、也不能與之合作的。

當今社會中，仍有很多剛愎自用、自以為是的人，只不

08　靠團隊讓人安心，投資才會發生

過表現的形式各有不同。總有一些人自以為是地認為自己分析能力超群，智商、情商都比別人高，聽不進任何人的意見，固執地認為自己說的是最對的、最好的。

投資人對他的觀點持不同看法時，他通常會認為沒有必要改變，輕易地否定別人的建議或意見，自己又拿不出更傑出的方案。

對於這種思維方法是以點概面、以偏概全、固執又偏激、不易合作的人，投資人當然不能與之合夥創業。

在商業圈這個極其複雜的環境中，爭利方式也層出不窮，總有一些人仗著自己有一點點小聰明，自以為是地認為熟知人情世故，因而「走火入魔」。他們總想在與別人的合作中多撈一點，反正在他們眼中，商場就是騙人的地方，能多占點便宜就多占點。他們把自己的投資人當傻瓜，總想著瓜分別人的利益，斤斤計較個人得失，付出少，卻要高報酬。

投資人是絕對不會與這類人合夥的。這種類型的人，都有一個明顯的共性，那就是「能屈能伸」，在有求於你或想合作時，他會以動聽的語調、說極為誘人的話語，這就是所謂好話說盡。一旦達到目的，過去所說的話都拋到九霄雲外了，那真是完全站在自己的利益上打算盤，這就是所謂食言而肥。照道理說，沒有人願意與這種人合作，但實際上，這種人又常常得逞。最大的原因就是，這種人的欺騙性很大，在生活中不易甄別，一旦合作，惡果就自動生成了。

這種人把商場中的壞習氣掌握得爐火純青，如果再加上些許的表演才能，喜怒哀樂，學什麼像什麼，即使社會經驗豐富的商場老手，也會被他耍得暈頭轉向，上當受騙。

有些人只看到投資人成功後的享受和光環，卻看不見創業的艱辛，真所謂眼比天高，心比山大。沒有合夥之前，說起創業侃侃而談，信誓旦旦，各種豪言壯語，發誓要闖出個名堂來，可一旦進入實質性的運作，需要長時間的努力，需要投入艱苦的勞動，就像洩了氣的皮球，再沒有往日所說的那種幹勁了！或是貪圖享樂，得過且過；或是工作不認真主動，暴露出平日應付了事的壞習氣。現在有些人收入勉強過得去，家庭環境又不錯，也受過良好教育，他們最容易成為耐心不足、眼高手低的人。因為他們沒有受過生活的磨難，也沒有經受過創業的挫折，更無法體會創業的艱辛，自以為當老闆容易，做生意簡單；工作一旦需要長時間的努力，投入更多的精力，便會瞬間顯露出耐心不足、眼高手低的問題。

試玉需燒三日滿，辨才需待七年期。

「金無足赤，人無完人」，任何人都是優點與缺點同時並存。但對於以上三類人，投資人是一定不會與他們合夥創業的。原因很簡單，「江山易改，本性難移」，這些人身上的缺點和所犯的錯誤，是本質性的，是長期形成的，恐怕一時半刻也難以改掉。

團隊共識與信任，是成功起點

在創業的舞臺上，每個人都是獨一無二的「雪球」，帶著各自的色彩與軌跡，在紛繁複雜的人際網路中滾動、碰撞。但如何才能找到能與你並肩前行，共同「滾雪球」的人，這便需要我們掌握一套獨特的「識人術」，甚至是一種基於深刻洞察與細膩感知的能力。

在科技創新的道路上，優秀的人才和團隊是推動企業不斷前行的關鍵力量。他們不僅能夠敏銳地捕捉市場難點，還能透過技術創新和團隊合作，將創意轉化為實際的產品和服務，從而贏得市場的認可和使用者的青睞。

在當前一級市場面臨寒意、創業公司生存難題突顯的背景下，創業者們不妨更加開放地看待併購。透過併購，創業公司不僅可以獲得大廠的資源和支持，還能藉助大廠的平臺和影響力，實現更快速的發展和更廣泛的市場拓展。而這一切的前提，是創業者們必須擁有一支優秀的人才和團隊，這是他們最寶貴的財富和核心競爭力所在。

如今，隨著市場外部競爭環境日趨激烈和複雜，客戶需求的多樣化，企業傳統生產線式的重複生產模式，正在逐步轉向以專案開發為主的個性化、客製化、創新化的生產模式。而在專案人力資源管理中，如何在你的創業團隊中辨識人才，並迅速做出判斷和取捨，就成為關鍵一環。

識人方能用人,從以下三個方面出發,基本上能做到對人有詳盡的了解。

第一,從性格角度去了解人

人的性格分為四大類:活躍型、能力型、平穩型和完善型。不同性格的人,要用不同的方式去管理,方能發揮他的最大作用。

第二,從人性角度去了解人

麥克葛瑞格(Douglas McGregor)曾把人大致分為 X 和 Y 兩類[02],這兩類人對應著荀子的「性本惡」和孟子的「性本善」兩種觀點,相對應的管理方式,要採用相對的放權與專權。

第三,從人的心理需求去了解人

馬斯洛(Abraham Maslow)把人類的需求分為五個階段:生理需求(生理功能所需要的、活下去的需求)、安全需求(人身財產安全、生活穩定的安全感需求)、愛與歸屬需求(對友誼、愛情、親情、隸屬關係的需求)、尊重需求(包括對成就、名聲、地位、自我價值的個人感覺,也包括他人對自己的認可與尊重)、自我實現(包括針對真善美、至高人生境界獲得的需求)的需求。

---

[02] X—Y 理論是美國麻省理工學院教授、社會心理學家麥克葛瑞格於 1957 年提出的、關於人性假設與企業管理的理論。

08　靠團隊讓人安心，投資才會發生

馬斯洛的需求層次理論，針對不同層次需求的人，應採取相對應滿足其需求的管理方式。

了解識人的基本原則，還要有取捨的智慧。想合理地取捨，就要有一個自己的評判標準，我建議大家可以從對方的「識、志、信、勇、變、性、廉」七大方面考察，作為你取捨的標準。當然，人無完人，一個人再有才華，也不可能面面俱到，完美無過。但是，至少你要有一桿秤，做到心中有數，以後在專案執行的過程中，遇到事情才會有自己的原則和底線。

1. 識

「識」指的是見識。要知道一個人的見識水準如何，就看他在面對突發狀況時做的決策如何。如果一個人心地善良，品格很高，但不會做事，終究不過是對社會無害的人。如果一個人能夠對社會有所貢獻，那他一定是能夠為改善身邊環境、改善社會出謀劃策的人。

現在見識不凡的人不多，紙上談兵的人卻不少。我們如何仔細甄別，為我所用呢？面對同一件事情，歷練多的人會提出切中要害的觀點，這就是見識不凡；只能提出空泛的意見，想法天馬行空但百無一用，這就是紙上談兵。

2. 志

「志」指的是志向。一個有志向的人，無疑是企業需要的人。透過探問一個人的是非觀，就能看出這個人的志向。對

是非的態度越強烈,越能看出這個人有堅強的志向。一個庸庸碌碌的人,注定是一個沒有志向的人,這樣的人是非觀模糊,總是人云亦云,見人說人話,見鬼說鬼話。我們要多和有志之人來往,共同進步。

3. 信

「信」指的是誠信。一個信守諾言的人,會在社會立穩腳跟,有很大的發展前途。

我們可以在拜託對方做事時,觀察對方能否如約做到誠實守信。一個人答應對方的事情沒有做到,但很真誠地向人道歉,還會舉薦能做好此事的人、尋求最妥善的解決方案,此時雖然他失信了,但更能看出他的人品,是有「信」之人。

4. 勇

「勇」指的是勇氣。遇困境之時,也是考驗對方是否有勇氣的時候。

有勇氣的人,在面對困難時會迎難而上,剛柔並濟,曲折迂迴,往往能夠解決問題、走出困境。反之,沒有勇氣的人遇到困難時會怨天尤人,不知道如何解決問題。我們需要與有勇之人共事,齊頭並進。

5. 變

「變」指的是應變能力。想知道一個人的應變能力如何,就要把他逼到詞窮的地步,看他如何應對。像諸葛亮一樣能

言善辯的人,一定是頭腦靈活、思維敏捷的。

應變能力強的人都有內心的堅持,言之有理、言之有物,言詞雖繁,但萬變不離其宗。而沒有底線的人,可以隨時改變自己的看法,空洞乏味,言之無物。

我們要與之合作的人,一定要有很好的應變能力,這樣在企業營運中,無論遇到什麼問題,都能隨機應變,更快地走出困境。

6. 性

「性」指的是品性。人的本性往往藏得很深,我們很難探究一個人的真我,大多數會用喝酒的方式來打開對方的心扉,所謂「酒後吐真言」。

但並非所有人都能酒後吐真言,庸俗之人,酒後更多的是胡言亂語,大耍酒瘋,把場面鬧得尷尬不堪。能夠克制自己、自律的人,會在此時說出心底最真實的聲音,談挫折,談理想,談成功,談失敗。所以有了那句「識人的伯樂,最應該在酒桌上考察人的品性」。與品性好的人合作,會離成功越來越近。

7. 廉

「廉」指的是對利益的態度。高尚節操之人,對不義之財絕不觸碰。反之,那些只要看到錢財就眼冒金光的人,哪有節操可言?他們往往會不擇手段把所有錢財都據為己有。自

己清廉、辛苦獲利，利雖小，也可心安理得，長久享用。與清廉之人共事，就如同身邊時刻有一清泉，鞭策自己的同時也能提醒他人，企業最需要這樣的人。

　　無論是做專案還是經營企業，一個傑出的團隊是成功的關鍵，他們能夠共同面對挑戰，掌握機遇，創造出更大的商業價值。而快速識人，找到那些能夠和你一起「滾雪球」的人，更是實現這個目標的關鍵步驟。透過深入了解團隊成員的能力、品格和價值觀，我們可以更加明智地做出投資決策，與傑出的團隊，攜手共創美好的未來。

三層級人才策略與「滾雪球」夥伴

創業者和投資人的博弈,從建立關係的那一刻起,就不會停止。你選擇別人的時候,投資人也在選擇你。

當你迅速判斷取捨,留下了那些你認為足夠可靠的,能和你一起「滾雪球」的人。「夢幻團隊」若想走得更遠,還得想辦法入投資人的「法眼」。

一般來說,投資人會將其青睞的創辦人分成三個「經營層級」,詳見圖 8-2。

第一層級	有過成功創業經歷的連續創業者,其中最好有過上市經歷
第二層級	來自科技巨頭公司或其他產業內頂尖公司的高階管理者
第三層級	創業失敗者或很有經驗的圈內 KOL

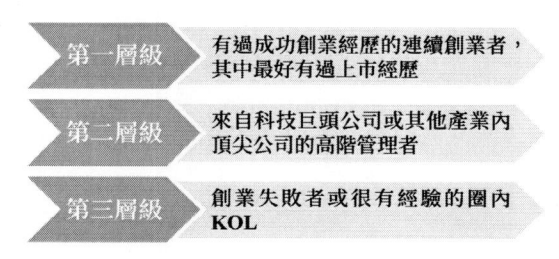

圖 8-2 創辦人的分類

第一層級是指有過成功創業經歷的連續創業者,其中最好有過上市經歷。

第二層級是指來自科技巨頭公司或其他產業內頂尖公司的高階管理者。他們往往有豐富的從業經歷和自帶的優勢資源,更易成為投資人優先考慮投資的對象。

第三層級是指創業失敗者或很有經驗的圈內 KOL。

內容創作者是很特殊的，因為文化產業有自身的獨特性，有專業的產業基金，投資人對創始團隊又有自成體系的甄別方法，但「投人」的本質不會變，最後都只不過是對履歷經驗的考量。

因為沒什麼具體資料為依託，專案投資做的調查往往不是很詳盡，最終的判斷和考量，都集中在創辦人的特質與能力上。其實要準確地判斷創辦人的能力與特質還是很難的，對方不是熟人，像價值觀、人品、在關鍵時刻的本能反應……這些深層次的東西，不到關鍵時刻是看不出來的。只能透過耐心地觀察、判斷及人脈去了解。

但是在將專案實行的過程中，換作是我，也會更願意與聰明人為伍共事。當然，這裡的「聰明」，並不是說一個人的智商要有多高，而是更能展現在專案實際實行上，也就是執行力。

而據我觀察，對創業者而言，你認為自己或團隊成員足夠聰明，但在投資人眼中，卻未必「值得一提」。

衡量一個人的執行能力如何，就看一件事情在他做得不夠好的情況下，他是否會堅持做下去。執行力差的人，如果所做之事沒有值得炫耀的地方，甚至可能引起別人的嘲笑，他就會馬上放棄。對他們來說，最重要的是面子，進步與否無所謂；反之，一旦遇到能炫耀自己的事情，他們就會非常專注地去做。

此外,一個人「聰明」與否,我建議大家不妨從以下幾個方面來判斷:

是否有足夠且清晰、準確的概念?

一個聰明人,無論面對什麼事情,腦子裡都會有清晰和準確的概念,並足夠了解概念之間的相互連結,不會被各種雜七雜八的資料干擾,會堅持自己的衡量標準。

是否有足夠系統化的方法論?

這裡的方法論,說的是要用什麼樣的方式、方法來觀察事物和處理問題。聰明人會認真地分析自己所使用的概念究竟指的是什麼?是否有存在的必要?反之,它的對立面是什麼?有哪些相同之處和不同之處?什麼情況下才可以使用這個概念?能否承擔用錯概念後帶來的後果?他們常常會想很多,在工作中,心思細膩不易出錯。

是否有一定的成功經驗?

有些成功人士,不同階段都有拿得出手的作品,我們能從每個作品之間的差異,看出這些有名之士不同時期的進步在哪裡。聰明人要有長期堅持做的事情,因為能夠長期堅持做事的人,通常不笨,大多數都會做好這件事。

所謂聰明,在我看來,是一個人腦海中擁有的所有正確、有效的知識,能否在出現問題時,迅速找到解決方案,能否與投資人有共同的價值觀。價值觀相同,可預知對方

的行為,溝通起來效率高、成本低,共同合作勢必會事半功倍。因為每個人都是獨立的個體,都有自己的思維方式,價值觀正確與否並沒有明確的界限,但身為投資人,我會更傾向於投資與自己價值觀相同的人。

很多人認為,創業者能提供最重要的資訊、足夠龐大的案例,就是聰明。真相是,對投資人來說,這只不過是創業者應該具備的基本素養而已。自以為很聰明,認為只要能賺錢就行,這是天下最大、最深的「地雷」。

別讓錯的人拖垮好專案

隨著專案的推進，專案領頭人可能會發現，明明以前很合拍的某個團隊成員，抑或是合夥人，與自己價值觀的分歧越來越大，甚至跟不上發展的節奏，而這個人很可能又扮演重要的角色，甚至占有一定比例的股份。此時你會怎麼辦？是繼續「忍受」，還是萬般無奈之下，把他「踢出局」？

我們不妨看看當年的祖克柏是怎麼做的！

馬克‧祖克柏和薩維林（Eduardo Saverin）、莫斯克維茲（Dustin Moskovitz）合夥創立了 Facebook。

歷經一年的營運，網站業績非常好，收入相當可觀，為壯大發展網站，三人前往佛羅里達州，成立了一個有限公司。隨後，莫斯克維茲和祖克柏去加州的帕羅奧圖市營運網站，而薩維林則去了紐約的雷曼兄弟實習。

在此期間，薩維林沒有和任何人商量，就在 Facebook 上為自己創立的求職網站 Joboozle 免費打廣告，這讓祖克柏非常生氣，他認為薩維林這麼做不僅不尊重合作夥伴，還很明顯是在另起爐灶，跟 Facebook 競爭。而後，祖克柏計劃收購原本佛羅里達州的 Facebook，在德拉瓦州重新組建一個新公司，這個提議又被薩維林拒絕，堅決反對。

因為這些事情，兩個人的矛盾日漸加深，將薩維林「踢

出局」的想法，在祖克柏心中越發強烈。但不能魯莽行事，薩維林的股份在公司還占有重要比例，為了讓企業不受到傷害又能達到目的，祖克柏採取了一些措施。

首先，祖克柏按原計畫，在德拉瓦州用自己籌措的資金，建立了一家新的公司。為了讓薩維林同意自己的想法，他的理由是為了吸引外部投資，公司必須具備極其靈活的股權結構能力，所以必須成立新公司，薩維林思考後，同意了他的想法。

其次，祖克柏做了一個重要的決定，把自己的股份從原本的65％降到51％，卻把薩維林的股份從30％提升到34.4％。祖克柏自降股份這個舉措，是為了讓薩維林簽署股權協議。而薩維林要把所有的智慧財產權轉交給祖克柏作為交換條件，且要同意自己不在場時，祖克柏可代表自己行使投票權。薩維林沒有想到的是，這34.4％只是普通股。

簽署股權協議後，祖克柏先後兩次透過大量發行新股票，迅速將薩維林的股權比例稀釋到10％以下，薩維林在Facebook變成了一個微不足道的角色，祖克柏成功將其「踢出局」。

你和你的團隊不合格，投資人出於整體利益的考量，通常會毫不猶豫將你「踢出局」。那麼，如果在你的合夥團隊中，也出現類似薩維林那樣的成員，身為創辦人，將不合適的人「踢出局」，或許才是徹底解決問題的唯一方法。

08　靠團隊讓人安心，投資才會發生

　　但需要注意的是，無論發現什麼樣的問題，都要理性判斷、冷靜思考，切勿衝動行事。公司還要正常營運並發展壯大，如何在確保公司安全的情況下，把不適合的人請出去，需要認真思考，這才是負責任的行為。

　　1. 誰應該被「踢出局」？

　　其實合夥人經營公司就好比夫妻過日子，如果真的鬧到不可開交、無法調解的地步，勉強維持反而不利於公司的發展。也許早點「拆夥」才是最明智的選擇。但隨之而來的問題是：矛盾的雙方，到底誰應該走，誰能留下？

　　我們從以下幾個方面分析，來解決這個問題。

◆　營運專案過程中，誰是不可或缺的靈魂人物？
◆　雙方共同的利益點和差異點在哪裡？
◆　誰最有可能獲得投資人的支持？

　　無論是從對企業的重要性，還是對企業發展的作用方面考量，合夥人都勢均力敵的情況下，首先要心平氣和地協商，說出自己的真實想法，然後尋求投資人的支持，此時他們的意見和建議，都會產生舉足輕重的作用，會影響最後的結果。

　　2. 如果請對方出局，問題是否能解決？

　　合夥人在工作中遇到矛盾是很正常的，不能一遇到問題就想拆夥。問題有很多種，只要沒觸碰原則和底線，應該先坐下來心平氣和地談。即使遇到原則性問題，也要認真分析

發生的原因,是否有補救措施?雙方有沒有就此類問題進行過探討與研究?

無論何時,真誠的溝通永遠是解決問題的最佳途徑。雙方在面臨問題時,要坦誠相待,耐心溝通後,再採取進一步的行動,共同努力解決問題。

3. 提前與當事人直接溝通

與當事人直接溝通的目的是了解他本人的意願,是傾向於現金賠償,還是持有公司股份。隨之要考量到對方的薪資水準及公司目前的現金流狀況。然後按照他為公司服務的年資,及對公司的貢獻,給予相應的經濟補償。

有的當事人會非常極端,面對這種情況,要查看原始股份協議中是否有相關違反行為的條款,如果有,則可以不用提供任何補償。

4. 與主要投資人共同商議

具體的協商方法也要因人而異,如果當事人和你很熟,就可以直接詢問他的想法,如果不熟悉,還是要多加考量,等水到渠成的時候再約談。也可以動員公司的投資人與當事人協商,盡量提出各方都滿意的方案,順利解決問題。

5. 與律師團隊溝通

現在大部分公司都有律師團隊或法律顧問。合夥人的突然離職,勢必會影響團隊的穩定性,因此處理此類問題,要

提前監控，把當前情況告訴律師，準備相關法律文書，以尋求法律依據、解決問題。採取恰當的方式解決問題，不僅能穩定團隊成員，還能把對公司的傷害降到最低。

物競天擇，適者生存，這是大自然的規律。這條規律也適用於創業團隊。

如果合夥人對公司的發展已毫無價值，甚至會讓企業落後，那麼他的離開，對雙方都是一件好事。因為對當事人來說，他已經不適合在此產業發展，讓企業受損，身上背負的壓力會更大，在適當的時候選擇重新出發，未必不是明智之舉。

我們必須注意的是，在把不適合的人請出去時，一定要足夠尊重對方，注意方式，千萬不要拚個你死我活，那樣會兩敗俱傷。

好聚好散才無愧於共同完成一個大專案的初心，才是合夥共事、經營企業的精髓所在。

09　商業計畫書，
　　是進入資本世界的門票

　　資金是每一個創業者都必須面對的問題。而獲得資金的關鍵，往往在於如何成功吸引投資人的注意，並說服他們為你的專案買單。在這個過程中，一份精心製作的商業計畫書，就扮演著至關重要的角色。

　　商業計畫書是向投資人展示你的商業理念、市場定位、競爭策略以及未來發展規畫的重要工具。它不僅要清楚明瞭地闡述你的商業模式和獲利路徑，還要能夠突顯出該專案的獨特性和市場潛力，以此來吸引投資人的目光。

　　那麼，一份成功的商業計畫書，應該具備哪些要素？商業計畫書中，投資人真正關心的是什麼？你的專案能否滿足他們的投資需求？你的團隊是否有能力執行這個專案？你的商業模式是否具有永續性和成長潛力？

　　只有當你的商業計畫書能夠充分回答這些問題並打動投資人的心時，他們才會願意為你的專案買單。

09 商業計畫書，是進入資本世界的門票

高品質商業計畫書是你的敲門磚

近幾年，新創企業如雨後春筍般迅速發展，拿著專案找投資人的創業大軍亦不斷發展壯大。面對機遇，資本瘋狂了。而面對資本，並不是所有人都有機會。

在我的投資字典裡，一直保存著一段話──平均每 7 分鐘就誕生 1 家創業公司；同時，平均每 1.5 天就有 1 家創業公司倒閉。

這句話不斷提醒我，在投資時要保持清醒，不要被創業者投來的天花亂墜的商業計畫書沖昏了頭腦。

話說回來，資金是創業團隊發展專案的關鍵要素。目前創業者獲得資金的首要管道，依然是找投資人融資，而融資必須依靠一份至少 70 分水準以上的商業計畫書才能實現。

◆ 商業計畫書是什麼？
◆ 寫給投資人的商業計畫書應該長什麼樣子？
◆ 有什麼好的範本推薦？
◆ 有沒有好用的工具？

這些是創業者經常諮詢我們投資人的問題。

商業計畫書（Business Plan，簡稱 BP）實際上已經有幾十年的歷史了。時代在進步，商業計畫書也是大勢所趨，而逐漸形成現在的模式。它與新科技、新經濟，及創業投資產業發展

的趨勢基本上一致。現在已成為一套整合的商業語言，它的內容包括很多，比如：財務分析、市場分析、商業模式分析等。

創業故事漫天飛舞的當下，創業者也不斷增加，如果進行面對面的溝通，將會花費大量時間與人力、物力。透過商業計畫書，可以幫助投資人進行「預了解、預溝通」，初步稽核合格的資料，就可以作為商業資訊的媒介。

BP 不但是創業邁出的第一步，與投資人建立關係的工具，更是你自己確立創業專案的藍圖。如果連表述都不清楚，溝通時又邏輯混亂，誰會投資你呢？

資金雄厚的大型投資機構，每天都會收到很多商業計畫書，這些計畫書很少能得到投資機構的青睞，因為投資人沒有那麼多時間去檢視每一份計畫書，除非有人舉薦，才可能得到一個機會。如果你是沒有經驗的新人，得到投資的機會就會很小，因為沒有人願意將錢花在一個新人身上，風險很大。

其實，投資人並非唯利是圖、陰險狡詐之人，他們只不過要堅守自己的底線，恪守職責。吸引投資人的商業計畫書，需要包括以下這些要素。

第一，合理估值

合理估值 = 計畫投資額 / 交換的比例。例如：你想用 40% 的股份交換 500 萬美元，你的估值就是 125 萬美元。記住：要做一個合理的估值，如果過於離譜，投資人會覺得你誇大其辭。

第二,有理有據(確切數據)

有些人想把商業計畫書親自交給投資人。我看過不計其數的計畫書,前幾頁寫的幾乎都是廢話,講述市場有多麼的大,其實投資人對產業的了解,遠遠超過你,所以不用那麼複雜。要找到更有說服力的數據或亮點,你的計畫書才能引起投資人的興趣。

第三,產品優勢獨特

因為服務型產品的不確定性較大,實體產品發展的前景相對容易預測,所以投資人對實體產品更加青睞。

第四,投資協議清晰

計畫書中應包含股權的分配、交易的合法性、股份與資金交換的價值,以及日後預計出現的股權稀釋等資訊。

另外,下列幾點也可能吸引投資人的目光:

1. 升值空間

升值空間就是日後的增值,不管公司現在的價值,但有可能在三到五年內,把價值提高。

2. 資金需求

透過商業計畫書中表現出對資金需求的分析和規劃,以此來證明你需要的資金缺口和金額。

3. 有領投者

通常投資人不願意自己成為唯一的投資人，所以最好多找幾個投資人。一般情況下，你的投資人越多，投資人安全感越高，成功機率也越大。

4. 退出機制

要有明確的退出方式，讓投資人看到你已經做好了股權分配。他們在未來的交易中，可以拿到的錢和相應的分紅與報酬。

上述幾點只是投資人可能會感興趣的要素的基本說明，更加詳實的撰寫策略，我將在後面章節繼續為大家講解。除此之外，在正式撰寫 BP 之前，大家還要先簡單了解商業計畫書的幾種類型。

由於企業在不同的階段，主營業務會有所差別，創業者手中的專案也可能涉及各個不同的領域，因此，我們常常需要製作不同類型的商業計畫書。

商業計畫書有很多類型，例如：單頁計畫書、內部計畫書、可行性計畫書、營運計畫書、策略計畫書、年度計畫書、標準計畫書、創業計畫書和精益計畫書。下面簡單講述幾種常見計畫書的寫作要求。

(1) 單頁計畫書

單頁計畫書，簡而言之，即一份精煉的企業亮點概覽，它巧妙地將企業核心資訊濃縮於一頁之內，目標在於迅速傳

達業務精髓。該計畫書概覽目標市場、業務模式、關鍵成就里程碑及基礎銷售預測，為銀行、潛在投資人、供應商、合作夥伴及員工等利益相關方提供寶貴的資訊精華。此類計畫書亦常被稱為商業提案，以其簡潔明瞭、直擊要點的特性而備受青睞。

(2) 內部計畫書

內部計畫書，常被視為「精益計畫書」的另一種表述，其核心在於緊密貼合公司內部成員的實際需求。此類計畫書專為內部團隊設計，因此相較於提交給銀行或外部投資者的詳盡標準計畫書，它往往更為精簡、直接。內部計畫書並不適宜作為對外展示的資料，而是專注於為團隊內部提供清晰、高效能的溝通與指導，確保每位成員對公司的方向與目標有共同的理解。

(3) 可行性計畫書

可行性計畫書，有時被專業人士視為「創業計畫書」的同義詞，用以闡述創業的全貌。而在另一些情境下，它則特指對技術、產品或市場進行實施驗證的詳細流程。例如，在研發新型磚窯時，可行性計畫書會仔細規劃從實驗室樣本設計、原型製作到首批產品生產的每一個步驟。

值得注意的是，可行性計畫書通常並不涵蓋標準商業計畫書或精益計畫書的所有層面。它更側重於在缺乏全面策

略、策略布局及財務預估的情況下，直接探究產品的可行性及市場的真實存在性。

鑑於「可行性計畫書」一詞在不同語境下可能含有不同意義，建議在聽到或使用該術語時，務必確定其具體概念，以避免誤解。

(4) 營運計畫書

營運計畫書很仔細，它包含具體的實施要點，比如：截止時間、團隊分工、責任等，它可以規劃目標，為了讓公司更能分配優先權，更密切關注結果。營運計畫書包括業務的全部內部運作，細到責任劃分等細節。

當然，重點還是需要有資金，沒有資金，專案就運作不了。只有根據現金流量追蹤進度，這樣才能知道你的支出有多少。

(5) 策略計畫書

其內涵因使用者而異，需結合具體情境理解。一般而言，策略計畫書屬於內部檔案，雖不涉及過多具體的財務預測細節，但相較於精益計畫書，它包含更為詳盡的策略描述與闡釋。然而，策略若缺乏執行力，則形同虛設。因此，一份傑出的策略計畫書，必須兼顧實施的可行性，充分考量所需資源及時間，確保策略能落地生根。

(6) 年度計畫書

該計畫書著重聚焦於企業某一特定領域或業務板塊的深入規劃。若涉及擴張，因往往需尋求新的外部資金支持，其內容需全面涵蓋公司產品詳盡介紹、市場分析及管理團隊背景，與投資者所期望的標準計畫書保持高度一致，同時亦需包含貸款申請所需的各項細節。

然而，若為內部資助的成長或擴張而制定的內部成長計畫書，則可適當簡化上述描述環節，類似精益計畫書的風格。雖不必囊括公司整體財務預測，但至少應詳盡預測新業務或新產品的銷售及費用情況。

一份高品質的商業計畫書，不僅僅是一份詳盡的報表，它更是你與投資人建立初步連結的「敲門磚」。透過精心策劃和撰寫，你的商業計畫書能夠充分展示專案的獨特價值、市場潛力和永續發展能力，從而吸引投資人的目光，激發他們的興趣，並最終促成投資合作。因此，不要忽視商業計畫書的重要性，而是要讓它成為你成功融資的有力武器。

包裝內容，讓價值看得見

在審閱過無數商業計畫書後，我發現許多創業者都容易陷入一種失誤 —— 他們往往只從自己的視角去闡述專案。例如，大篇幅描述公司如何傑出、產業前景如何廣闊，卻忽略了投資人真正關心的核心問題，也沒有明確展示商業計畫書的真正目的。

實際上，一份出色的商業計畫書，應該要能站在投資者的角度，深入挖掘並展示專案的核心競爭力，尤其是產品和服務方面的獨特優勢。這樣，投資者才會被你的核心優勢所吸引，進而關注你產品的品質及服務的水準。

遺憾的是，許多創業者在撰寫商業計畫書時過於自負，一開篇就大談市場前景和產業趨勢。然而，如果缺乏實質性的內容，只是泛泛而談，那投資者很可能會對此感到失望。身為專業的投資者，我們對產業的了解並不亞於創業者，除非專案涉及非常專業的領域，如新材料、新能源或某種特定藥物等，或者創業者從一開始就選錯了投資人，因為他對所選產業知之甚少。

因此，創業者在製作商業計畫書時，應更加考量投資者的需求和關注點，以更加精準和有效的方式，傳達專案的核心價值。這樣不僅能提高融資成功的機率，還能建立起與投資者之間更加緊密和互信的關係。

09　商業計畫書，是進入資本世界的門票

當創業者準備商業計畫書時，應該深入思考：身為投資人，我最希望看到哪些內容？核心無疑是專案的產品與服務細節。對於產業概況，簡潔明瞭的敘述就足夠了，因為身為專業的投資人，我們對此已有深入了解。

舉例來說，如果你的專案涉及具有特定功能的產品或是提供 24 小時服務的銷售產業，那麼詳細展示產品的獨特功能、服務的全方位特點及它們為使用者帶來的實際效益，就顯得尤為重要。具體描述你的產品和服務如何改善使用者體驗、解決了哪些問題，這些細節至關重要。

為了讓投資人更能感受你的整體業務流程，建議創業者將我們視為最重要的客戶。換句話說，現在我們是你的顧客，你需要給我們一個充分的理由來選擇你的產品和服務。透過具體而生動的情境描述，讓我們沉浸在你的商業世界中，從而深刻理解你的產品和服務的獨特價值與市場需求。

記住，一份成功的商業計畫書不僅要展現專案的潛力，還要能夠激發投資人的興趣和信心。透過建構生動的情境和提供理想的使用者體驗，你將更有可能獲得我們的青睞和投資。

至關重要的一點，商業計畫書一定要符合閱讀的邏輯順序。以下我們來講述商業計畫書的製作步驟。

- 我是做什麼的？
- 我是怎麼做的？

- 我做得怎麼樣？
- 我的專案是什麼人做的（即團隊）？
- 未來市場有多大？
- 競爭力如何？
- 有什麼融資計畫？

當你開始撰寫商業計畫書時，可以遵循以上邏輯順序，以確保你的計畫書至少達到合格的標準。

首先，主要關注「我們的實施策略」部分，這是展示你核心競爭力的關鍵環節。詳細闡述你的產品和服務，從每個細小功能的實現，到整體的營運規劃，不要遺漏任何一個環節。投資人會根據這部分內容來判斷你的產品和服務是否具有市場需求和競爭優勢，因此務必清晰明瞭地表述。

接下來是「我們的成果展示」部分，簡要介紹公司的基本資訊、投資方、業績，以及在產業內的地位和所獲獎項。如果公司有突出的業績或成就，一定要詳細列出，因為這些資料往往能夠吸引投資人的注意。

這兩部分是投資人初步判斷專案可投性的重要依據。只有成功吸引投資人的興趣，你才有機會進入下一個環節──「我們的團隊」。

在介紹團隊時，避免使用過多的形容詞修飾，應著重展現團隊成員的豐富經驗和實際成果。對創辦人的介紹可以簡

09　商業計畫書,是進入資本世界的門票

潔一些,以免讓投資人留下你對團隊缺乏信心的印象。突顯團隊的業績、數據和亮點,讓投資人看到你的團隊實力。

如果你的團隊非常傑出,或團隊成員中有產業菁英、知名人士,一定要在商業計畫書中突顯這一點。建議將這部分內容放在最前面,以增加投資人的興趣,並展示你的實力和未來潛力。

同時,不要忘記在商業計畫書中提及競爭對手。分析他們的優缺點,了解他們的市場動態。如果你沒有明顯的競爭對手,更要強調你的核心競爭力。在表述過程中,務必實事求是,避免誇大其辭。

最後是「融資計畫」部分。清楚闡述你的融資方式、目標融資金額、股份分配以及資金的使用計畫。這部分內容應簡潔明瞭,一頁紙足以表述清楚。

身為投資人,我每天都會接觸到大量的商業計畫書。以下是我認為創業者在撰寫商業計畫書時應該避免的幾個「禁忌」,以及如何最佳化內容的建議。

1. 避免空洞的口號

諸如「給我 500 萬,還你 1,000 萬」或「給我 1,000 萬,實現你的夢想」這類口號,對投資人而言,這更展現出創業者的不成熟。相反,你應該用具體的數據和案例,來展示你的商業模式和獲利路徑。

2. 精簡篇幅，突出重點

冗長複雜的計畫書，往往會讓投資人失去閱讀的耐心。建議將商業計畫書的篇幅控制在 25 頁以內，並確保每一頁都包含有價值的資訊。同時，注意檔案大小不要超過 4M，避免使用壓縮檔格式，以便投資人更方便地查閱。

3. 尊重競爭對手，展現專業素養

在計畫書中貶低競爭對手是非常不專業的行為。相反，你應該客觀分析競爭對手的優勢和不足，並突出自己專案的獨特之處和核心競爭力。

4. 避免不切實際的財務預測

對早期創業專案來說，進行財務預測往往不切實際。投資人更關注的是你的商業模式是否具有永續性和成長潛力。因此，不必在計畫書中進行詳細的財務預測，而是應該著重關注如何闡述你的商業模式和獲利路徑。

5. 確保聯絡方式清晰可見

有時候投資人會看到一份滿意的計畫書，但卻找不到對方的聯絡方式。為了避免這種情況發生，請務必在商業計畫書的顯眼位置，留下你的聯絡方式，包括姓名、手機號碼和電子信箱等，以便投資人在感興趣時能夠及時聯絡到你。

精心設計過的商業計畫書，如同一套得體的服裝，能夠提升創業專案的形象和吸引力，讓投資人對你的專案留下深

刻印象。創業者在撰寫商業計畫書時，一定要注重其外在的包裝和呈現方式，力求讓每一頁都充滿專業和吸引力，從而更能展現專案的潛力和價值，贏得投資人的青睞和信任。記住，細節決定成敗，商業計畫書的包裝同樣重要。

投資人眼中的重點元素

在我評估投資專案的過程中,與創業者的初次會面通常持續半小時到一小時。如果在這段時間內,創業者無法激發我的興趣,甚至讓我失去繼續聆聽的欲望,那我很難再有動力與這樣的創業者深入交流。

然而,在創業初期,許多專案都還在逐步完善中。身為投資人,我們需要在各種不確定性中權衡風險,畢竟每一分錢的投資,都承載著潛在的失敗風險。正因如此,我們在選擇專案時,會進行多角度的評估,並作出審慎的決策。

接下來,我將分享八大關鍵步驟,幫助創業者打造一份能夠贏得投資人青睞的商業計畫書,成功撬動融資槓桿。

根據我以往的投資經驗,以及與大量一線投資友人對話溝通後,我為大家總結出以下八大投資人必看內容,這也是構成 BP 核心的邏輯結構。

1. 難點、需求分析 —— 告訴投資人你在做什麼

每個創業者的原動力就是自己的初心。透過我們的調查,大致可以分為以下三點:

◆ 供給缺乏

產業內供給缺乏，導致無法提供較好的產品，也沒有服務提供者，不是沒有相關產品，就是產品品質低下，無法滿足客戶的要求。

◆ 效率低下

創業者透過自己的解決方案，可以用更低的成本，提供更高的效率。

◆ 成本較高

創業者可以打破一些傳統數據、一些模式成本居高不下的情況，根據新材料，以及網路化的方式來集中降低成本。

2. 提出有效解決方案

在創業的環境中，一個問題往往可以有一百種解決方案，提出問題後，要有相應的解決方法，要明確指出解決方案的合理性，還有你的產品是什麼，以及它的功能，最後是怎麼解決問題的？在眾多方案中，為什麼你的是最好的？

3. 專案／產品簡介

專案的難點和解決方案都是圍繞產品展開的，你的專案透過什麼原理來解決相應問題，又是如何展現自己的解決方案的？

你要列出第一步怎麼做，第二步怎麼做，不要全部混在一起，給投資人一份明確的專案藍圖。

4. 用數據說明市場概況、營運現狀

相比創業者，專業的投資人對市場的行情更加了解，你只需要有獨特的想法，不需要過多的說明。論證過程中切忌長篇大論，直接明瞭地推算出你的依據和數據即可。例如：市場未來的發展如何？整體規模多大？你是根據什麼推測的？

數據在未來的融資中發揮越來越重要的角色，因為數據不僅是投資人對專案產品和解決方案的初步體驗，同時也證明了你方案的合理性，產品方向的可靠性，及是否經得起考察。

5. 可實行的商業模式

商業模式包含你的產品模式、使用者模式、財務模式，以及獲利模式，這是大家公認的觀點。舉例說明，產品模式就是用什麼特別之處來吸引使用者？使用者到來之後，你將怎麼做？規模的劃分，以及劃分之後的收益，最終確定一個怎樣的模式，來創造更大的價值？並讓他們為此付費。

6. 展示專案優勢（競爭對手、競爭優勢）

在此部分，需著力展現你的專案獨有的競爭力。

首先，概述當前市場中涉足相同領域的團隊數量及概況。隨後深入分析，相較於這些競爭對手，你的專案所具備的獨特優勢。明確闡述你的專案與競爭對手之間的核心差

異,包括但不限於技術創新、服務特色、使用者體驗等方面。

對早期專案而言,的確可能面臨資源有限、優勢不明顯等挑戰。但請著重強調你的快速迭代能力、前瞻性的產品理念,以及任何獨有的資源或合作關係,這些均可構成專案的綜合競爭力,向投資人有力證明你的專案值得投資與支持。

7. 融資需求(股權結構、融資計畫)

明確告訴投資人你需要多少錢、現有股權的分配、資金的各種用途,以及怎麼分配的。

8. 專案團隊介紹

一定要把團隊成員的學歷背景、工作經歷和創業經歷等詳細地進行介紹。當然最好列出一些主要的成就,讓人相信你的團隊有完成這件事的能力與技術。總之,「見過」和「做過」還是有很大差距的。

以上幾點,大家可以根據投資對象的不同,以及投資融資階段的不同,做出相應的調整。

很多人可能覺得,這些都是小問題,不足掛齒。其實,在打造一份價值千萬的商業計畫書時,除了關注整體內容和結構外,細節同樣至關重要。細節決定成敗,在商業計畫書中也同樣適用,包括字型大小、排版布局、圖表設計,甚至是一個小小的標點符號,都可能影響投資人對專案的整體印象。因此,大家在精心策劃商業計畫書時,絕不能忽視這些細節。

投資人最看重的三要素

我們如果做商業計畫書，和投資人溝通，一定要充分全面設想投資人關注的要素是什麼，為什麼會關注這些？了解後，再開始寫計畫書，比生搬硬套出來的效果要好很多。

俗話說，事在人為。我們把事情分為內部的事—— 專案做的事，和外部的事—— 專案面臨的機遇和挑戰。

關注人是因為我們要看你是誰，為什麼你能把這件事做好。

錢的方面主要是賺錢、分錢和本錢。賺錢是商業模式；分錢是分責權利，股權結構；本錢是錢從哪裡來，也就是專案的融資需求。

1.BP 之「事」

「事」一般放在 BP 的最前面，也是最重要的一頁。你需要清楚表達的是：

◆ 一句話介紹；
◆ 提出問題；
◆ 解決方案。

投資人每天會看很多 BP，最痛苦的莫過於看完一份 BP 後，仍然不知道這個專案是幹嘛的！

一句話介紹，是讓投資人建立對專案的大致了解。

但這遠遠不夠，你還要透過情境，把專案解決的問題講出來，引導投資人進入情境，如果他的狀態沒有同步，可能一時半刻無法理解你的意思。

在沒有我們的產品服務之前，人們是怎麼生活的？他們有什麼問題沒有被解決，或可以被改善？

最後，在提出解決方案之前，我們需要確保：

投資人透過一句話介紹，已經能夠理解我們在做什麼。

透過我們提出問題時說的故事，已經能夠感受（共鳴）到有待我們解決問題的難點（機會）。

前兩者是為我們如何解決這個難點做鋪陳。我們要保證提出的解決方案簡單易懂，可以被信服。

搞定內部的事後，接著看外部的事 —— 機遇和挑戰。

專案有什麼機遇和挑戰，可以從 3 點來看：

◆ 市場分析；
◆ 進入策略；
◆ 競爭優勢。

市場分析中，你需要說清楚你是誰？你的客戶是誰？你的競爭對手是誰？

舉個例子：二維矩陣分析，這是賈伯斯回到蘋果時提出

的。那時蘋果有很多產品線,賈伯斯認為這麼多產品沒必要,只需要抓住 4 個象限中的產品就可以,這種做法讓蘋果公司的市場定位從混亂到清晰。

進入策略,即創業如何打開局面?

這是一個冷啟動的話題,新創專案從無到有,沒有一個特別好的方法,每個專案各有特色。但投資人最想知道的是,你如何從沒有任何生意,到使用者能夠認識你,最終願意選擇你?

當我們找到一個好的產品或項目,市場不錯,能啟動,那麼投資人會關注你找到的這件好產品,為什麼別人搶不贏你?

這時,我們要展示自己為什麼能在市場競爭中不敗,即核心競爭力是什麼。

什麼是核心競爭力?就是你有,但別人沒有的東西。

2.BP 之「人」

說完事情,投資人會關心為什麼你能做好?這和人相關。

你的核心團隊是誰?什麼背景?為什麼適合做這件事?現在執行得如何?未來的目標是什麼⋯⋯

創業和戰場很像,很多時候事情發展和預期會有所出入,投資人很清楚知道專案能否成功,不取決於規劃,而取決於是否有很厲害的人,能掌控這件事,這樣遇到問題時,才能解決。大家在團隊介紹中,也要多多考量這樣的因素。

09　商業計畫書，是進入資本世界的門票

執行現狀反映的是團隊實際執行力和做事能力。最好把證明能做好這件事的成績和證明專案未來有很大發展的資料展示出來，這些資料是一種背書，能讓投資人更有信心。

如果沒有，也可以提出現在執行中遇到的問題，但一定要是深思熟慮過的、並且有候選解決方案。如果只有問題，沒有思考和方案，寫出來就是扣分項。如果你提出特別有價值的問題，也是執行中的收穫。

從「團隊背景」看過去，從「執行現狀」看現在，最後就是從「計畫目標」看未來。

未來計畫不是要你去假設很多不切實際的事，而是模擬未來可能發生的事，讓未來事情發生時，有更好的對策。

你要思考清楚，為了把專案做好，團隊要做什麼事？達到什麼樣的里程碑？再加上我們有能力實現，還可以讓投資人得到高報酬的期待，比如使用者激增、快速占領市場等。

「計畫」是對未來的分析、思考，以及對現在的總結。

3.BP 之「錢」

介紹了事和人後，最後聊聊錢：

◆　商業模式，怎麼賺錢？
◆　股權結構，怎麼分錢？
◆　支出計畫、融資需求，本錢從哪裡來？

和錢相關的，賺錢是最重要的。一個無法賺錢的公司，財務投資人一定不會投。大家看到一些投資人投資的專案還在虧損，但估值很高，這背後的原因是，投資人覺得這些專案未來能獲得更大的報酬。

怎麼介紹自己的商業模式？

◆ 如何創造價值？
◆ 如何將價值進行變現？變現後才是現金；
◆ 短期還是長期，這是一個問題。

賺錢之後，如何分錢？

投資人為什麼會關注分錢？因為你能分多少錢，取決於你會出多少力。當公司出問題時，誰要承擔最大的責任？誰會最擔心公司有問題？誰會盡更多努力解決問題？

當然是股權越多的人，未來能分越多錢的人，越會對公司負責。所以投資人看重股權分配。

說到股權，前文也已多次強調相關內容。為了更有效地協助大家儘早規避股權領域的潛在風險，我們團隊攜手資深法律顧問，透過深入剖析多年實踐中累積的逾百個真實案例，並結合課程中蒐集到的百餘份回饋，精心整理出股權分配過程中常見的陷阱與失誤。在此基礎上，我們特別整理出一份重大股權問題預判清單，以便大家在實作中能夠未雨綢繆，穩健前行（詳見表9-1）。

09　商業計畫書，是進入資本世界的門票

表 9-1 重大股權問題預判清單

重大股權問題預判清單	
股權激勵環節	
操作	導致問題
沒有預留選擇權池	在後續發展中，若無法為新加入的合夥人分配股權，或缺乏股權作為激勵核心員工的方法，將構成一大挑戰
	創辦人的控制權無法集中
	投資人擔心後期自己的股權被稀釋
激勵工具選擇錯誤	無法實現激勵目的，使被激勵對象失去積極度
	影響企業的估值與財務報表
沒有統一的激勵考核制度	無法合理評估激勵對象的價值
	缺乏公平性，導致員工失去工作熱情
股權合夥環節	
操作	導致問題
沒有簽訂《股東協議》	合夥人之間產生矛盾或糾紛時，沒有法律依據來處理
	合夥人退出時在回購股權的價格計算方式上出現分歧
	當在權利與義務、選擇權池、投票權等事項上出現問題時，沒有處理依據
	股東離婚財產分割
	當合夥人之間的職責劃分模糊不清，權利與義務界定不明，一旦遇到損害公司利益的行為，將難以實施有效的處罰措施

重大股權問題預判清單	
沒有簽訂《股東協議》	分紅制度沒有明確約定,導致容易發生糾紛
草率分股權 缺少公平計算方法	不公平的分配機制可能會引發合夥人間的利益衝突,進而削弱團隊的創業熱情與動力
	合夥人的能力價值與股權不符,導致企業發展緩慢
	無法確立創辦人角色,企業容易內部僵持
沒有做控制權設計	企業在做重大決策時,可能會出現僵持
	投資方控制企業的經營決策方向
	創始團隊被架空
	多個股東都覺得自己說了算,導致專案無法推進決策
	小股東之間容易發生分歧甚至影響經營,導致公司面臨巨大的財務損失
沒有約定成熟與退出機制	合夥人的貢獻與能力達不到預期時,無法清退
	合夥人發生離職退出時,無法計算股權回購價格
	外部合夥人沒有兌現自己的資源承諾,導致股權無法收回

早期創業發展中的巨大不確定性,需要在架構規則上盡量確保穩定。CEO 身為大股東的意義:

◈ 對公司發展有絕對話語權(避免群龍無首);
◈ 能夠勇於承擔問題的責任(主動或被動);

09　商業計畫書，是進入資本世界的門票

◆　早期專案的支出計畫，和融資需求息息相關。

我們為什麼要融資？本質是未來半年到 9 個月，我們需要錢採購一些資源、促進公司發展。如果有這筆錢，公司可能發展更快，創造更多價值。這種情況下，我們需要融資。

專案融資額實際上是為了覆蓋公司未來 6 至 9 個月的所有開支而設定的。之所以選定這個時間範圍，是因為在融資週期中，我們期望保持相對緊湊的時間框架，確保所籌集的資金能精準對應，並支撐起接下來 6 至 9 個月內的發展目標及營運需求。

公司的估值怎麼計算？天使輪、A 輪每輪出讓的股份一般是 20%～30%，把融資額除以 20%～30%，得到的就是專案的估值範圍。

當然，上述問題其實也都可以適當展開說明，但我的建議是，不宜將 BP 寫得過於複雜，讓人看了一頭霧水。我們只有了解投資人關注什麼，為什麼關注這些，才能寫出投資人想看的內容，透過 BP 獲得和投資人進一步溝通的可能性。

3 分鐘抓住投資人的目光

前面我們只是初步講解投資人眼中的 BP 是什麼樣子，接下來，你還得想辦法提升 BP 的品質，提交一份優質的 BP。

找投資人就像「談戀愛」，製作 BP 就像「寫情書」，「情書」所承載的資訊品質，決定了投資人對你的團隊、創業專案的第一印象，這個判斷也直接決定了投資人是否有想和你進一步交往的衝動。

有朋友說，你們投資人越來越高傲，「約會」前，總會收到一句話：「先把 BP 發過來看看。」而在我看來，要你提交 BP 是考驗，同時也是機會，BP 就是投其所好，抓住投資人的興趣點，對投資人「表白示愛」，BP 寫得好，你就成功了一半。

只有投資人對你產生興趣，有想繼續「交往」的衝動，才可能談後續合作的事。

如何打造一份高精準度的專案 BP，解決創業團隊的疑惑，讓初步談判到「非見不可」的轉變，以下我們就來總結如何有效率地打造一份優質 BP 的核心要素。

首先，投資人根據 BP 中的創業專案和團隊態度、凝聚力、素養、邏輯思維等多方面的影響，產生第一判斷，所以

09　商業計畫書，是進入資本世界的門票

作為創業團隊，一定要把整個 BP 框架整理清楚，展現自己的優勢，而不是根據網路上的範本、直接引用。之後，有了具體的框架，我們就要仔細到每一個字，一定要讓內容高品質、精準，切忌反覆提及同一句話。最後，大多數投資人每篇 BP 最多只會花 10 分鐘的時間快讀，所以頁數一定不要太多。如果在這期間，投資人對你的專案或團隊沒有進一步交流的意願，那一定就是 BP 做得不足，或專案本身有問題。

當投資人已經看了 20 多頁，仍然不知道你要表達的目的，此時投資人一定會迅速 Pass 掉你，你會全盤皆輸，你的 BP 一定會被徹底刪除。

接下來我們就解決大家的疑惑，優質的 BP 到底是什麼？

首先，大家可以參照圖 9-1 所示的「投資人視力表」自檢，看看你的 BP 裡，是否涵蓋了上述內容。根據不同的專案，需求的關注點是不一樣的，一定要把你想表達的主要內容放在 BP 的前半部分。投資人都會有自己的一套標準，但是他們對專案的介紹和核心競爭力最為關注。

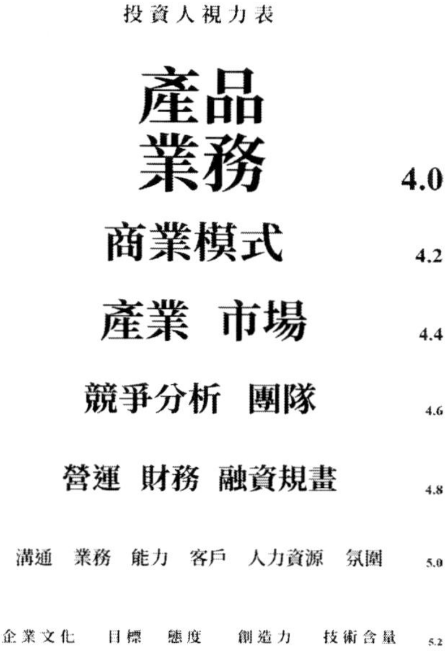

投資人視力表

產品

業務　　　4.0

商業模式　　4.2

產業　市場　4.4

競爭分析　團隊　4.6

營運　財務　融資規畫　4.8

溝通　業務　能力　客戶　人力資源　氛圍　5.0

企業文化　目標　態度　創造力　技術含量　5.2

圖 9-1 投資人視力表

進一步強調，投資人瀏覽 BP 的時間一般不會超過 10 分鐘，所以前 6 分鐘表達清楚。頁數一般不要超過 25 頁，頁數太少會表達不夠全面，頁數太多又會浪費投資人的時間與耐心。

其次，在完成上述基本內容和架構之後，你需要為 BP 再穿一層美麗的外衣 —— 潤色。

1. 結合圖形

圖形和圖表都具有直觀、形象化和具體的特點，所以最好能用其代替文字。通俗形象化的圖形、圖表，可以讓投資人

「眼前一亮」，立刻明白你所表達的意思，而不是透過長篇的文字閱讀分析來展現，當然一定不要簡單羅列一些無用的數字。

2. 色彩搭配

色彩的搭配對人的精神和身體都有潛在的影響力，所以 BP 的整體色彩將會對投資人有一定的影響，一般不要使用超過 3 種顏色的字型和圖形，當然不包括配圖。

最重要的是文字清晰明瞭，圖文結合部分也要有邏輯的連結。

3. 頁面排版

頁面的排版會直接影響視覺傳達效果，所以大部分文字應該大小適中，排版清晰整潔，一般不建議一個版面超過 2 種字號、字型。

以下是 BP 中，對投資人較有吸引力的層面：

- 歸根究柢，投資人最關注的還是專案本身，BP 只是展現的方式；
- BP 只是一篇小論文，但其中所表達的投資邏輯和創業者的態度非常重要，且大多數投資人都喜歡表述清楚且不乏設計感的 BP；
- 用簡潔的話說明你的產品、產業情況、營運策略，以及團隊市場；
- 重要的部分千萬不要遺漏；

◆ 投其所好，不同的投資專案對應不同的側重板塊，千萬不能只套用範本。

BP 就是試金石，一份超讚的 BP，會讓投資人充滿好奇與期待，讓人身心愉快，大大提高進一步投資的機會；BP 也會反映出創業者的性格特點、做事方式；也會展現出公司的情況，有助於及時調整策略。

在創業的道路上，時間就是金錢，效率就是生命。透過精簡、直接、有針對性的內容展示，你能夠在前 3 分鐘抓住投資人的眼球，讓他對你的商業計畫書產生濃厚的興趣。這樣的 BP 不僅節省投資人的時間，還能快速傳遞專案的核心價值，提升融資成功的機率。記住，高效能、精準的溝通，是贏得投資人青睞的關鍵。

09　商業計畫書，是進入資本世界的門票

10　路演不只是簡報，是信任的交易

在前面章節我們提到，資金就如同人體的血液，為創業專案提供養分，是專案生存與發展的基石。然而，獲取資金並非易事，尤其是在競爭激烈的市場環境中。這時，融資路演就成為連結創業者和投資人的重要橋梁。

融資路演，不僅是一個展示專案、爭取投資的平臺，更是一個與投資人建立情感連結、產生共鳴的過程。在這個舞臺上，創業者各顯神通，用精煉的語言、生動的演示和深入的資料分析，來展現專案的核心價值與市場潛力。

但更為關鍵的是，創業者要能觸動投資人的內心，讓他們看到自己的熱情、毅力與智慧，以及對未來市場的深刻洞察。

當創業者的故事與投資人的經歷或期望產生共鳴時，這種情感的連結，會大大提高融資成功的機率。因為投資人不僅是在投資一個專案，更是在投資一個團隊、一個夢想、一個未來。

資本市場的遊戲，無路演難突圍

資本時代，雖效率第一，卻無路演難成。

在你持之以恆的努力下，終於踏上創業之路，卻因沒有啟動資金而停滯不前時，路演可能會讓你看到一線生機。

「路演」（Roadshow），外來語，原指一切在馬路上進行的演示活動。也有人把它稱為「陸演」，實指一切在陸地上的演說。它是你向他人推薦公司、團隊、產品及想法的一種方式，包含但不僅限於證券領域。

這幾年，路演在各個領域中崛起，例如：新聞發布會、產品展示、產品發布會、電影發布會、產品試用、優惠特賣、以舊換新、文藝表演、有獎徵答、禮品派送、現場諮詢、填表抽獎、遊戲比賽等。

當然，投資人都會根據自己的標準去判斷你的 BP 是否可行，進而再決定你的創業專案是否有投資價值。在創業故事不絕於耳的當下，投資人憑什麼會看重你的專案，你的專案是否有可觀的報酬？路演往往可以讓投資人看到專案中的種種問題、優勢或弊端，找到是否有「非投不可」的價值。

路演是當下備受關注的融資方式之一，路演之前，你必須做好充足的準備，想撬動資本市場的槓桿，沒有兩下子的你，很可能全盤皆輸，更別提創業了。

路演並非易事，如果你事前準備不夠充分，就可能會錯過機會，浪費大好的商機。如果你是初次路演，控制好自己的情緒，是最基本的要求，除此之外，你不僅要有清晰的頭腦，還要具備商業邏輯。機會永遠留給有準備的人，能不能抓住機會，完全靠自己。

很多時候，創業者急於在投資人面前推銷自己的創業專案，急於求成，反而失敗。路演融資並非你想像中的那麼難，它有自己的規律可循，至關重要的是，你要提前了解、做好準備，詳見圖 10-1 所示。

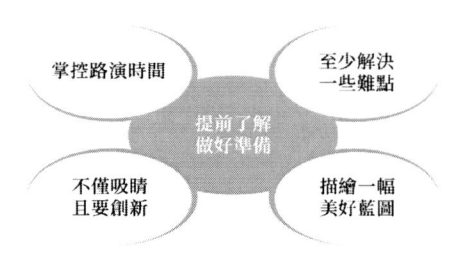

圖 10-1 路演融資的準備

1. 掌控路演時間

路演總會遇到一些突發事件，不要多慮，這些都可以作為你融資成功的基礎。

一般，將路演時間進行詳細劃分，分為主路演時間及附路演時間兩部分。

以下以 PPT 為例,在主路演的時間裡,透過 PPT 的介紹,向投資人清楚地講述你的創業目的及目標,讓投資人了解你的產品、團隊市場、產業情況、營運計畫,以及發展願景等。而在附路演的時間裡,你需要演示一些能夠詮釋你專案內容的投影片。

大多數情況,你路演的整個過程,需要播放 30～60 張 PPT。其中,主路演階段使用 20～30 張,附路演階段使用 10～20 張。

2. 不僅吸睛,且要創新

新時代到來,內容越來越豐富,資訊傳播的速度更快,但是人們消化資訊的時間非常有限。

這就要求向投資人講解的路演者,要提供更有衝擊力,能在短時間內吸引受眾的高品質內容。那麼,在內容形式上就必然要更具創新。

每個時代都有每個時代的使命和機遇,現在我們正在經歷技術革命,未來的發展不可預估。所以,新時代的路演,不僅要改變固有的思維模式,同時要搶占眼球,更要創新。

3. 至少解決一些難點

想融資路演成功,一般都會從故事入手,之後就是介紹產業難點,最後給出解決方案,講述核心競爭力,闡明願景。

在路演過程中,務必確保清楚闡述你的專案所能解決的

那個產業難點。

路演中需要提及的「難點」問題很重要，以下幾種情況可供適當參考：

- 你是怎麼注意到這個產業難點的？
- 是什麼促使你想解決這個產業難點？
- 你所提供的是最佳解決方案嗎？你還有什麼備選方案嗎？
- 如果你的專案成功，你可以幫助多少人解決這些「難點」問題？

4. 描繪一幅美好藍圖

投資人一旦決定為你投資，大多數都會問你這個問題：「這筆資金你將如何使用？」

面對以上問題，你需要仔細、全面地講解專案的財務模式，其中包括營運成本、收入與支出、利潤的分配等。記得描繪一幅兩到三年的美好藍圖，以加深投資人的印象。

其次，你必須清楚知道各部門之間的資金分配問題。

更為重要的是，就連專案中每個細小環節的資金分配，你也需要明確知道。

如果你對專案的投資報酬率已經做了大概的預測，記得要向投資人詳細講述。

10　路演不只是簡報，是信任的交易

　　問答環節是路演結束之後必不可少的，透過這個環節，可以讓投資人記住你更多的競爭優勢。你和投資人之間的互動非常重要，一定要詳細記錄，之後總結投資人的關注點，抓住投資人心理，是成功的第一步。

　　如果你能將以上四個要素都靈活運用於每次路演中，你出現的問題就會不斷減少，路演水準不斷提升，最後一定可以信心十足地站在路演舞臺中央。

「路演思維」：預先演練的勝率關鍵

身為投資人，我時常會遇到這樣的情境：一場商業路演結束後，觀眾並未被打動，而真正有意向的投資者卻未能參與其中，導致資源和時間的雙重浪費。

對於正在籌備路演的創業者們，我想給一個建議：在正式路演之前，不妨先進行自我評估。這種評估，我稱之為「路演思維」的預先評估。

路演評估，實際上是對圍繞企業經營和發展策略所舉辦的路演活動可能產生的影響和成果，進行深入分析與評價。這是一個至關重要的管理環節，它不僅能有效揭示路演中存在的問題，還能反映活動的正面性和有效性。

透過這種「路演思維」的預先評估，創業者們可以更加精準地定位自己的優勢和不足，從而在正式路演中更有自信、從容地展示專案魅力，快速吸引投資者的關注和支持。

路演評估是針對某一時期或某次路演情況進行的客觀分析總結。

其實質是人力資源管理的一個重要層面，也是投資人考核專案及活動效果的過程。由於評估過程很複雜，它包含如氣候、地理、居民的收入狀況、城市的發展水準等因素。

因此，路演者在評估時的重點是保證準確，客觀實際。

10　路演不只是簡報，是信任的交易

對路演的評估，通常採取以下方法：

1. 常規評估法

◆ 排序法

根據路演表現出的不同效果進行排列，並作出評估。

◆ 比較法

對前後不同時期的路演進行綜合評估。

2. 行為評估

◆ 關鍵行為評估；
◆ 行為觀察評估。

另外，有效的評估應符合以下原則：

◆ 能展現目標和目的；
◆ 較節省成本；
◆ 實用性強，易於執行；
◆ 能客觀地評價員工工作；
◆ 對路演產生引導和激勵作用。

為了對路演進行正確的評估，必須注意以下方面：

◆ 對路演中的各個環節進行綜合評價，而不是只作籠統評價；

- 評估人和被評估人應即時就問題進行有效溝通；
- 評估人要確保評估客觀公允；
- 避免使用概念界定不清的措辭，避免不同的評估者對評估結果有不同的理解；
- 評估的重點應放在具體路演問題上，而不要太過注重其他無關緊要的方面；
- 不要忽視評估之後的回饋。及時將評估意見回饋給路演者是很重要的，這樣才能改進、完善路演。

不要小看路演的力量，每一場路演都是向投資人展示自己專案的一次寶貴機會。透過運用「路演思維」進行預先評估，創業者們可以更加精準地掌握路演的重點和難點，從而在正式的路演中更有自信、從容地應對各種挑戰。

10　路演不只是簡報，是信任的交易

好故事比好數據更有力

對初次接觸路演的創業者來說，路演可能是一個相對陌生的概念。但如果我們將其與更為熟悉的「演說」相連結，就會發現它們之間的共通之處。實際上，路演可以視為演說的一種特殊形式，其核心目的都是為了有效地傳遞資訊，並產生影響。

為了贏得投資人100%的信任，創業者需要精心準備自己的路演，講述一個引人入勝的創業故事。這個故事應該包含你的創業初衷、團隊背景、市場機會、競爭優勢，以及未來規畫等元素。透過生動有力的講述，讓投資人感受到你的熱情和專業性，從而對你和你的專案產生深厚的信任感。

在資本市場尚未成熟的時代，路演與演說並未明確區分，常常混為一談。然而，路演與單純的演說存在顯著差別。路演並非只是口頭表達，更非炫耀口才的舞臺。事實上，流利的口才並不能保證路演的成功。路演的核心在於對商業邏輯的深刻理解與全面布局。

簡而言之，演說依賴口才和肢體語言，而路演則更注重清晰的邏輯與出色的呈現能力。除了語言本身，路演還可以結合文字、影片等多元形式，以達到最佳的表達效果。

路演的準備工作煩瑣且細微，從數月前的初步準備，到

每一次的彩排演練,再到無數次的微調與最佳化,每一個環節都考驗著路演者的耐心與專業度。對企業家來說,輕視路演就如同在戰場上丟棄武器,遠離了成功的路徑。

1. 以故事為媒介,展現路演的商業魅力

故事,作為人類最古老的溝通方式之一,具有無法抗拒的吸引力。在路演中融入產品或專案的故事元素,不僅能有效展現其價值所在,還能深刻觸動聽眾的情感。

故事不僅是情感的傳遞者,更是價值的呈現者。以某集團上市路演為例,透過講述 18 位創辦人的創業歷程,不僅激發聽眾的共鳴,更成功傳遞企業的核心價值。這些生動的故事,在路演後迅速傳播開來,成為人們津津樂道的話題。

世上故事千萬種,但可以大致歸類為以下三種:

- 從無到有;
- 從小到大;
- 反敗為勝。

這三種故事都是最動聽的故事。

例如,如果你需要在路演中講一個關於自己的故事,就可以想一想:

- 有沒有一個故事反映了你從小到大的經歷或過程?
- 有沒有一個故事反映了你創造從無到有的過程?

10　路演不只是簡報，是信任的交易

◆　有沒有一個故事反映了你反敗為勝的過程？

一定有那麼一、兩件，甚至更多，這些都是最好的，也是最真實的故事。

2. 展現創業者的信念力量

除了引人入勝的故事，還有一種無形的力量能深深打動人心，那就是能量。在創業的道路上，信念是我們前行的動力，而能量，正是這種信念的直觀展現。

「我相信」，這簡單的三個字，蘊含著無窮的力量。它不僅僅是對自己的信任，更是對創業夢想、團隊、產品和未來的堅定信念。這種信念會轉化為一種強大的能量場，吸引志同道合的夥伴，共同為夢想而奮鬥。

能量是一種磁場，它無形卻強大，能夠讓我們在創業路上勇往直前。當我們全身心投入創業，決定透過路演來傳遞理念和夢想時，那種由內而外的信念和熱情，就是我們的能量泉源。

在路演中，創業者不僅要傳遞專案的商業價值和發展前景，更要透過自身的能量場，展現出對創業夢想的堅定信念。這種信念和能量，會感染在場的每一個人，包括我這樣的投資人。

因此，身為創業者，在準備路演時，不妨多思考如何將自己的信念和能量融入其中。當你的信念足夠堅定，能量足

夠強大時，自然會吸引到更多的支持和資源，共同助力創業夢想的實現。

　　我始終相信，每一個創業者都有自己獨特的故事和夢想。透過精心準備和真誠的路演，將這些故事和夢想，以最具吸引力的方式呈現出來，當投資人被你的故事觸動，他們會看到你的堅持、你的熱情，以及你對創業夢想的執著。這樣的真誠，是任何商業計畫書都無法替代的。透過故事，你與投資人之間建立的不僅是商業關係，更是一種情感的共鳴。因此，不要吝嗇你的故事，讓它成為連結你和投資人的橋梁，贏得他們的全心信賴，共同開啟創業的美好旅程。

精煉簡報，鎖定注意力的黃金 5 分鐘

在進行路演時，許多人常常陷入一些失誤，例如簡單地將投影片堆砌在一起，這可能會導致資訊混亂，讓投資人留下不良印象。為了避免這些失誤，你需要精心設計並統整你的路演 PPT。

例如，確保圖片與內容相符，避免誇大其辭，清楚標明資訊來源，以及將產品發行商和投資內容明確區分。這些細節的注意，將大大提升你的路演效果，幫助投資人在短時間內準確理解你的專案和價值。

我曾遇過一個團隊，在他們的產品路演中，PPT 的首頁主要是團隊介紹。

他們詳細闡述了團隊的背景和經驗，但花費過長時間，導致聽眾失去耐心。

實際上，更有效的方式是在短時間內簡潔明瞭地展示團隊的核心優勢，然後迅速轉向產品、市場和商業模式的介紹。

因此，我建議你們在使用路演 PPT 時，避免用過多頁面去介紹團隊，應聚焦在專案的核心價值、市場前景和商業模式上。這樣的路演策略更能吸引投資人的注意，讓他們在短時間內看到你專案的潛力和價值。

PPT 作為路演的重要輔助工具,能夠透過直觀、形象化的展示方式,吸引投資人的注意力。美觀、吸引人的圖片和短片,遠比冗長的陳述更有力量。因此,創業者必須精心打造自己的路演 PPT,確保讓投資人留下專業的第一印象。

在製作 PPT 時,請牢記以下幾點建議,詳見圖 10-2 所示。

圖 10-2 路演 PPT

1. 引人入勝的開篇

自我介紹要簡潔明瞭,迅速抓住聽眾的注意力。例如:「大家好,我是 XXX,非常榮幸有機會在這裡與大家分享我們的創業專案。」

2. 精煉的內容簡介

在首張投影片上概述路演的核心內容,讓投資人對接下來的演講有個整體預期。

3. 明確的標題

為每個環節設定簡潔、明瞭的標題，準確概括該部分的核心內容。

4. 生動的圖片

充分利用圖片來輔助說明，但要注意圖片的相關性和專業性，避免使用與主題不符的圖片。如果沒有合適的圖片，可以考慮使用圖表來替代。

5. 有力的案例支持

在闡述觀點時，穿插具有代表性和說服力的案例，能夠增加投資人對專案的信心。

6. 引人入勝的故事

透過講述與專案相關的故事，增加路演的趣味性，與投資人產生更好的互動。

7. 動態的影片輔助

如果可以的話，加入相關影片，可以大大提升故事的吸引力，進一步抓住投資人的興趣。

8. 令人難忘的結尾

用一張精心設計的投影片或短片來結束路演，強調專案的核心價值，為整場路演畫上一個完美的句點。

總之，在短短的 5 分鐘內，你的 PPT 需要簡潔明瞭、突

出重點，讓投資人一眼就明白你的專案價值和商業模式，這不僅是對創業者自身能力的挑戰，更是對專案潛力的最好證明。因此，我們必須充分利用這有限的時間，將專案的核心價值、市場前景及團隊實力等資訊，準確、快速地傳達給投資人。當然，PPT只是你路演的輔助工具，重要的是你的口頭表述和與投資人的互動交流。透過精心設計和準備，讓你的路演PPT成為你贏得投資人信任的得力助手，為你的創業之路添磚加瓦。

現場互動，點燃投資意願

在路演的世界裡，有一種廣為流傳的說法：「70%的人怕死，90%的人怕上臺報告。」這並非危言聳聽，而是揭示了上臺報告所帶來的壓力與挑戰。然而，身為創業者，你必須學會如何在這個關鍵時刻展現自己，吸引投資人，並成功為你的專案融資。

路演不僅僅是展示專案，更是一場關於影響力和商業價值的較量。無論你是新創企業家，還是經驗豐富的創業者，提升個人影響力和關注度都是關鍵。而這一切，都取決於你如何設計並掌控路演現場。

打造一場引爆全場的路演，需要精心策劃和充足準備。這不僅僅是為了裝飾你的演講，更是為了確保你的資訊和專案能夠精準、有力地傳達給聽眾。雖然激動人心的現場可以透過彩排來預演，但真正的成功，仍然取決於你的內容和專案的實質。

為了幫助你更能掌握路演的互動藝術，我為你總結了三個關鍵步驟：

- ◆ 闡述清晰：用自信、熱情和堅定的語氣，明確表達你的核心觀點和專案價值；
- ◆ 吸引注意：以一個生動、有趣的故事作為開場，迅速抓住聽眾的注意力，並激發他們的興趣；

◆ 完美收場：明確告訴聽眾你的實施計畫和專案的長期價值，以及這將如何改變他們的生活。

當然，僅僅知道這些步驟是不夠的。成功的路演還需要你不斷反覆演練和調整。不要害怕投入時間和精力進行準備，因為一場成功的路演，可能會為你帶來無限的機會和資源。

記住，好的路演不僅僅是關於你說了什麼，更是關於你如何說，以及你與聽眾之間建立了怎樣的連結。所以，不要害怕尋求回饋，不斷改進自己的技巧，直到你能夠自如地掌控整個現場。

在這個充滿競爭的時代，每一位創業者都渴望成為那個能夠引爆現場、抓住所有人目光的焦點。想要讓你的路演更具影響力？不妨遵循以下四個黃金原則：

1. 秉持利他思維

記住，投資人最關心的是他們能從你的專案中得到什麼。因此，站在他們的角度思考，滿足他們的期望和需求，將是你贏得他們青睞的關鍵。

2. 增加互動體驗

在路演中，適當的互動能大大提升聽眾的參與度。透過提升聽眾的感官體驗，結合現場的節奏，你將能引領他們的思緒，讓路演效果倍增。

3. 保持真實可信

有時候，不刻意去說服反而能達到最好的說服效果。當你對自己的專案深信不疑時，這種自信會感染聽眾。好的產品和服務自然會吸引客戶。同樣，真實可信的路演也會讓投資人更容易接受你的專案。

4. 追求簡練專業

在多媒體技術日新月異的今天，我們應避免將路演變成一場華麗的舞臺劇。

確立目的，保持幹練，活躍氣氛但不失主題。在能使用PPT或小短片清楚表達時，就無須過多修飾。真正的專業，是簡潔明瞭地展現問題，並給出解決方案。

當我們站在路演的舞臺上，我們不僅僅是向聽眾傳達資訊，更是在與他們建立情感連結，激發他們的熱情和關注，成功吸引投資人的目光，同時也為你的創業之路注入更多動力和資源。勇敢地去征服那個舞臺，讓你的創業夢想成為現實！

後記

拿到投資，只是成長的起點

曾幾何時，我也是一名創業者，對於創業深有感觸。創辦一家企業，最難的往往不是繪製宏偉藍圖，而是那些看似平凡卻至關重要的日常營運與細節改善。

正是這些日復一日、不懈怠的努力，構成了企業穩健發展的基石。在這漫長的旅途中，如果你已經幸運地聚集一群有情有義的人，共同致力於一件有意義、有價值的事業，那麼恭喜你，未來定能用我們的智慧和汗水，書寫屬於這個時代的商業傳奇。

對企業來說，獲得投資不僅是對過去努力的認可，更是未來發展的新起點。這並不是結束，也不是安逸生活的鋪陳，而是從更多元、更高層面成長與進化的開始。

在獲得融資之後，企業規範化的建設便顯得尤為重要。我見過很多新創企業，往往因各種原因而顯得不夠規範，無論是財務資訊的不透明，還是工商稅法的煩瑣，都成為企業發展的絆腳石。因此，如果你是新創企業，在拿到第一筆融資後，首要任務便是讓公司走向規範化。股權、財務、智慧財產權等各個方面都需得到完善，切勿為了短期的快速發

後記

展，而忽視長期的規範建設，否則，未來改正的成本，將遠高於現在的投入。

此外，創業者的目光應放長遠，要能預見未來三年、甚至更久的市場與產業格局。市場在不斷變化，你的企業也需要隨之調整。例如，從最初的 20 人團隊，到明年的 50 人，再到後年的 200 人，你需要將這些變數納入計畫，為企業的未來發展制定明確的策略。同時，也不能忽視草根創業及草根聯盟的力量。

尤其在較偏遠的鄉鎮中，蘊藏著巨大的潛力。如果你能夠有效地利用、結合這些資源，形成強大的聯合力量，那麼你的企業定將更具競爭力。

從產品的角度來看，技術的累積是企業持續發展的關鍵。所謂的技術門檻，既包括使用者門檻，也包括技術門檻。而每個殺手級的應用，都是一個流量入口，無論是網站還是 APP。當你的企業做得夠大時，它便能夠輸出流量，吸引無數人依靠它生存，自然而然就形成了一個平臺。因此，你需要在每個應用上都做到極致，這樣你才有可能打開流量的入口，甚至發展或創立一個平臺。

在創業的過程中，你需要一邊工作、一邊完善專案，然後去尋找投資。這不僅適用於那些從未拿過投資的人，也同樣適用於已經拿到 A 輪、B 輪的人。因為如果你總是依賴融

資來推動企業的發展，那你將變得被動，難以成功。你不能讓「有錢才能做這件事」的想法束縛自己，否則你將難以把事情做好。

此外，我個人並不建議創辦人和高階管理人在企業新創階段拿高薪。當公司開始有大的收入或現金流開始持平時，才可以考慮給他們相應的補償。

因為你要有決心與團隊同甘共苦，這樣才能帶動高階管理人和員工一起努力。

後記

附錄

在融資旅程中，大家或許會遇到眾多創投領域的專業術語，為了讓這些概念更加親切易懂，我們精心挑選、整理並解釋了最常用的一些詞彙，以通俗易懂的方式呈現。只需輕鬆一閱，您便能迅速掌握這些關鍵名詞的含義。

如下表所示，這些名詞是我們輔導創辦人時希望他們必知必會的，這樣他們就能與投資機構進行快速而有效的對話。

創投領域專業術語清單	
名詞	通俗解釋
商業計畫書（BP）	這是一份全面展示你業務關鍵資訊的文件，無論是尋求外部融資，還是合作夥伴，它都是你的得力助手
投資概要（Teaser）	想像它是一頁紙的「專案照片」，包含了專案的財務數據、投資亮點等核心資訊，是投資人在深入閱讀 BP 前的一個快速預覽
數據資料集（Datapack）	這是公司財務、業務等關鍵資料的匯總清單，通常在 A 輪融資輪次及以後發揮重要作用
說服（Pitch）	如何在短時間內吸引投資人的注意，讓他們對你的專案產生興趣？這就是 Pitch 的藝術
關鍵推銷詞（Pitch Words）	在發送 BP 之前，先用一小段精煉的文字概括你的專案，激發投資人的興趣，這就是關鍵推銷詞的魅力所在

附錄

創投領域專業術語清單	
名詞	通俗解釋
備忘錄（Memo）	投資人與創辦人會談後整理的資料，用於內部評審和決策
路演（Roadshow）	原本指在公開場合推廣產品和理念，現在也成為投資人與創辦人面對面溝通專案的重要方式
圖譜（Mapping）	它是某個領域或知識點的完整結構圖，幫助你一目了然地理解複雜資訊
投資條款清單（TS）	初步達成的投資意向書，雖然通常沒有法律約束力，但它為後續的正式協議奠定了基礎
盡職調查（DD）	在投資機構發出 TS 後，對公司進行的深入調查，涵蓋法務、財務等多個環節
前期盡職調查（Pre DD）	在發出 TS 前進行的盡職調查，主要目的是為 TS 的制定做準備
股份認購協議（SPA）	投資人與創業者之間關於公司股份重新配置的投資協議，確立了投資金額、每股價格等關鍵條款
母基金（FoF）	一種專門投資於其他投資基金的基金，是市面上許多基金資金的主要來源
普通合夥人（GP）	你可以把他們看作是創投機構裡的「決策大腦」
有限合夥人（LP）	他們是基金的出資人，也就是背後的「大老闆」，雖然不直接參與投資管理，但他們的資金是投資活動的基石
常務董事（MD）	在基金層級中，他們位於基金合夥人之下，執行董事之上，常常帶領著一個部門的工作

創投領域專業術語清單	
名詞	通俗解釋
融資中介（FA）	他們就像是企業與資金之間的「橋梁」，幫助可靠的專案快速融到資金，節省時間成本
聰明錢（Smart Money）	這些錢不僅提供資金支持，還能帶來策略最佳化、下一輪融資推進等附加價值
投資委員會（IC）	投資機構內部設立的評審機構，定期評估專案是否值得投資
首次公開募股（IPO）	簡單來說，就是在公開的二級市場上售賣你的股票，也就是我們通常所說的「上市」
美元基金	投資風格：它們相對激進，喜歡在大賽道上「下注」，追求投出獨角獸企業，願意為超高報酬承擔超高風險
美元基金	因應策略：與它們交流時，要講願景、講未來，描繪一個足夠大的商業故事，而不僅僅是收入和利潤
美元基金	代表基金：紅杉、DCM、GGV、經緯、SIG等，這些基金都曾在歷史上投出過百億美元的公司

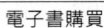

國家圖書館出版品預行編目資料

說服資本，吸引投資人的「心動賣點」！選案思維 ✕ 產業趨勢 ✕ 創業迷思⋯⋯從投資人視角解讀市場價值，創業破局最應該了解的十大看點！/ 孫郡 著 . -- 第一版 . -- 臺北市：財經錢線文化事業有限公司 , 2025.08
面；　公分
POD 版
ISBN 978-626-408-357-7(平裝)
1.CST: 創業 2.CST: 創業投資 3.CST: 職場成功法
494　　　　　　　　　　114011057

說服資本，吸引投資人的「心動賣點」！選案思維 ✕ 產業趨勢 ✕ 創業迷思⋯⋯從投資人視角解讀市場價值，創業破局最應該了解的十大看點！

作　　　者：孫郡
發 行 人：黃振庭
出 版 者：財經錢線文化事業有限公司
發 行 者：崧燁文化事業有限公司
E-mail：sonbookservice@gmail.com
粉 絲 頁：https://www.facebook.com/sonbookss/
網　　址：https://sonbook.net/
地　　址：台北市中正區重慶南路一段 61 號 8 樓
8F., No.61, Sec. 1, Chongqing S. Rd., Zhongzheng Dist., Taipei City 100, Taiwan
電　　話：(02) 2370-3310　　傳　　真：(02) 2388-1990
印　　刷：京峯數位服務有限公司
律師顧問：廣華律師事務所 張珮琦律師

-版權聲明-

本書版權為盛世所有授權財經錢線文化事業有限公司獨家發行繁體字版電子書及紙本書。若有其他相關權利及授權需求請與本公司聯繫。

未經書面許可，不可複製、發行。

定　　價：420 元
發行日期：2025 年 08 月第一版
◎本書以 POD 印製